世界中で水素エネルギー社会が動き出した

―30年後に結願となる―

〈著者〉 幾島賢治
幾島嘉浩
幾島將貴

シーエムシー出版

まえがき

現在，日本は東日本大震災の影響で川内原発以外，国内の原子力発電所が停止しており，石油，天然ガス，石炭の在来型炭化水素を主体としたエネルギー構成となっている。一方，日本は総人口減少による国力低下等の多くの問題に直面している。これら国難を解決するため，日本の国力と英知を持って立ち上がる時である。

日本には明治維新により急速に近代化を果たし，欧米諸国と肩を並べ，また第二次大戦で荒廃した国土を短期間で先進国に築き上げげた過去の実績がある。

東日本大震災以前は石油，石炭，天然ガス，原子力等でベストエネルギーミックスを構築して，日本の繁栄を推進してきた。再び，日本が繁栄の道を進むためには，まず既存の石油，石炭，天然ガスのエネルギー効率の高度化および環境負荷低減を図る。次に新星のシェールガス・オイルを確保したエネルギー体制を構築する。さらにバイオ燃料，太陽光，地熱，水力等の再生可能エネルギーの供給量，供給時期，経済性，利便性を精査して，新ベストエネルギーミックスを構築する。

出口を見出せない国難の時は，心のよりどころを持つことが大事である。日本人の心のよりどころのひとつが青い国・四国にある。四国には古くから日本人の心のふるさとの四国遍路が存在する。図の四国八十八箇所は，空海（弘法大師）ゆかりの88か所の寺院の総称で，四国霊場のもっとも代表的な札所である。

そもそも，四国遍路は平安時代には修験者の修行の道であり，時代がたつにつれ，四国全体を修行の場とみなすような修行を，修行僧や修験者が行い，室町時代に僧侶の遍路が盛んになった。

江戸時代に熊野詣，善光寺参りなど庶民の間に巡礼が流行するようになっ

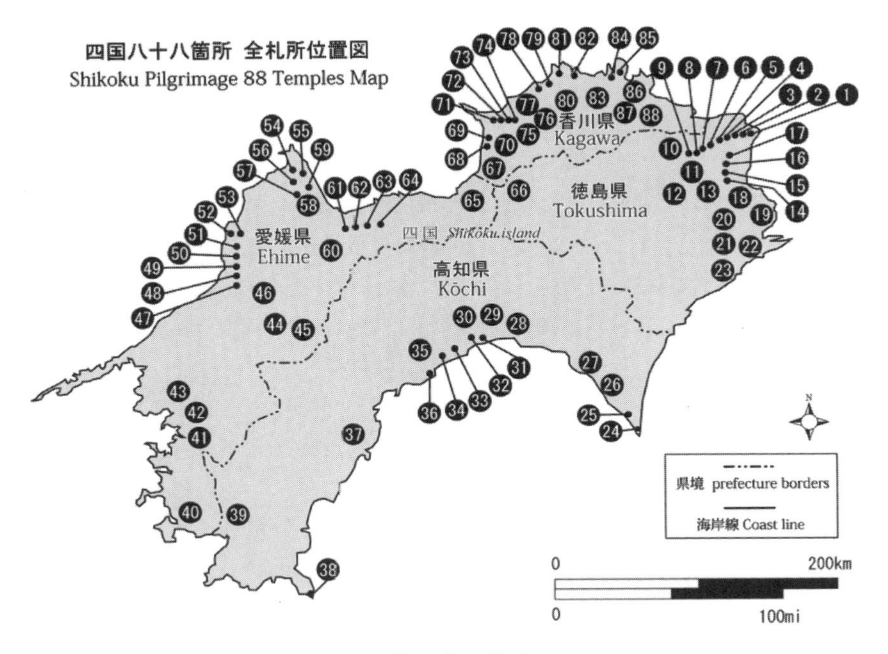

四国八十八箇所

たが，他の巡礼地と異なり，四国八十八箇所を巡ることを特に遍路と言い，地元の人々からは巡礼者は「お遍路さん」と呼ばれている。

遍路は札所に到着すると手順にしたがって1番札所から88番札所まで参拝する。手水舎でお清めをしたのち本堂と大師堂において燈明・線香奉納をし，般若心経・本尊真言・大師宝号などの読経を行い，御詠歌を唱え，その証として納札を納める。

境内にある納経所では，持参した納経帳や掛軸や白衣に，札番印，宝印，寺号印の計3種の朱印と，寺の名前や本尊の名前，本尊を表す梵字の種字などを墨書してもらい，八十八箇所すべてを廻りきると「結願」となる。

現在，直面している日本のエネルギー危機を解決するには新ベストエネルギーミックスを早急に構築し，未来社会の水素社会を見据えて前のめりに一心

霊山寺（最初の１番札所）　大窪寺（最後の 88 番札所）

不乱で進む時である。

日本は水素社会の実現を目指して，世界初の家庭用燃料電池，燃料電池自動車，水素発電等の技術を携えて世界の先陣を努めている。その雄姿はまるで，司馬遼太郎の『坂の上の雲』で，封建の世から目覚めたばかりの日本人たちが，坂を登って行けば，やがてはそこに手が届くという思いで一心に登って行った姿と重なる。

誕生間もない近代国家としての日本を支えるために，青年たちが自己と国家を同一視し，自ら国家の一分野を担う気概を持って各々の学問や専門的事象に取り組む明治期特有の人材の出現が望まれるところである。

世界の多くの人々は水素社会のイメージは持っているが，水素社会が人々の目の前に浮き彫りにされていないのが現状である。

本書では，水素社会の様子を日々の生活の環境の変化で浮き彫りにした。次に水素社会の要の水素を確保する方法として，石油，天然ガス，石炭等の在来型炭化水素からの水素製造方法，さらにシェールガス，メタンハイドレート等の非在来型炭化水素からの水素製造方法を述べた。クリーンな水素を確保する将来技術として膜分離，水の電気分解の水素製造方法まで言及した。

水素のインフラ整備に関し，貯蔵技術では水素タンクの構造・運用，運送技術および水素ステーションの構造・運用等を述べた。水素社会を目指す世界の国々の様子を述べた。

水素社会到来における経済面での動向を探るため，水素関連の企業に触れ，最後に水素社会を構築する水素エネルギーに代わる次世代のエネルギーにも言及した。

今こそ，国難を吉と捉え，日本の輝ける未来の要のエネルギーである水素エネルギーで水素社会を構築し，日本が主役となって世界を持続可能な発展に牽引する時である。

水素社会は夢の世界でなく，人類の視野に入ってきた次世代社会であることを本書のまとめとし，私は四国愛媛の出身であることもあってその心のよりどころが遍路道にあると思っている。

平成27年12月1日

著者

目　次

まえがき

第1章　世界の水素社会 ……………………………………………… 1
1　石油由来の水素社会を目指す日本 ………………………………… 2
2　シェールガス由来の水素社会を目指す米国 ……………………… 3
3　褐炭由来の水素社会を目指す豪州 ………………………………… 4
4　欧州は再生可能エネルギー由来の水素社会 ……………………… 5
5　原発由来の水素社会を目指す中国 ………………………………… 8

第2章　水素社会を構築する仕組み ……………………………………13
1　家庭用燃料電池 ……………………………………………………13
1.1　概要 ……………………………………………………………13
1.2　燃料電池の開発状況 ……………………………………………14
1.3　家庭・業務用と自動車用燃料電池の構造 ……………………15
1.4　世界の家庭・業務用燃料電池の現状 …………………………18
1.5　日本の家庭・業務用燃料電池の現状 …………………………19
1.6　家庭・業務用燃料電池システムの将来 ………………………21
2　燃料電池自動車と水素ステーション ……………………………22
2.1　燃料電池自動車 …………………………………………………22
2.2　水素ステーション ………………………………………………30
3　水素火力発電 ………………………………………………………32
3.1　背景 ……………………………………………………………32

3.2　火力発電の概要 …………………………………………32
3.3　水素発電の現状 …………………………………………35
3.4　水素発電の今後 …………………………………………36

第3章　水素の製造方法 …………………………………………37
1　化石燃料からの水素製造 …………………………………………37
1.1　水蒸気改質 …………………………………………37
1.2　部分酸化法 …………………………………………39
1.3　自己熱改質法 …………………………………………40
1.4　水素分離型改質 …………………………………………40
1.5　低温プラズマ改質 …………………………………………41
2　工業プロセスの水素副生物 …………………………………………42
2.1　石油精製 …………………………………………42
2.2　アンモニア工業 …………………………………………44
2.3　製鉄工業 …………………………………………45
2.4　ソーダ工業 …………………………………………46
3　新規開発プロセス …………………………………………47
3.1　膜分離 …………………………………………47
3.2　水の電気分解 …………………………………………48

第4章　水素の原料 …………………………………………51
1　シェールガス …………………………………………51
1.1　概要 …………………………………………51
1.2　世界のシェールガスの現状 …………………………………………51
1.3　シェールガスの将来 …………………………………………53

2　メタンハイドレート ……54
2.1　概要 ……54
2.2　世界のメタンハイドレートの現状 ……55
2.3　日本のメタンハイドレートの現状 ……55
2.4　メタンハイドレートの将来 ……57
3　石油 ……57
3.1　概要 ……57
3.2　世界の石油の現状 ……58
3.3　日本の石油の現状 ……63
3.4　石油の将来 ……65
4　天然ガス ……66
4.1　概要 ……66
4.2　世界の天然ガスの現状 ……66
4.3　日本の天然ガスの現状 ……74
4.4　天然ガスの将来 ……75
5　石炭 ……75
5.1　概要 ……75
5.2　世界の石炭の現状 ……76
5.3　石炭の将来 ……79

第5章　水素の運搬技術 ……81
1　液体での運搬 ……81
1.1　容器での運搬 ……82
1.2　船舶での運搬 ……83
2　気体 ……85

2.1　ガードル運送 …… 85
2.2　シリンダー運送 …… 87

第6章　水素の貯蔵技術 …… 89
1　高圧タンク …… 89
2　液体タンク …… 90
3　吸着剤貯蔵 …… 91

第7章　水素社会を目指す世界の国々 …… 95
1　国内 …… 95
1.1　北九州市 …… 95
1.2　愛媛県新居浜市 …… 97
1.3　東京都 …… 97
1.4　川崎市 …… 98
1.5　関西空港 …… 99
1.6　静岡市 …… 102
1.7　堺市 …… 102
1.8　周南市 …… 102
2　海外 …… 103
2.1　アラブ首長国連邦 …… 103
2.2　デンマーク …… 105
2.3　ドイツ …… 106
2.4　フランス …… 108
2.5　イギリス …… 109
2.6　米国 …… 110

2.7　オーストラリア …… 111
2.8　カナダ …… 111

第８章　水素社会の誕生を目指す支援 …… 113
1　国家プロジェクト …… 114
1.1　国の補助金政策 …… 118
2　特許の公開 …… 123

第９章　水素関連企業 …… 125
1　三菱化工機㈱ …… 125
2　岩谷産業㈱ …… 126
3　㈱加地テック …… 126
4　JX 日鉱日石エネルギー㈱ …… 127
5　大陽日酸㈱ …… 127
6　㈱東芝 …… 127
7　大阪ガス㈱ …… 129
8　東京ガス㈱ …… 129
9　パナソニック㈱ …… 130
10　旭化成㈱ …… 130
11　日本精線㈱ …… 131
12　第一稀元素化学工業㈱ …… 131
13　中国工業㈱ …… 132
14　㈱オーバル …… 132
15　東レ㈱ …… 133
16　神戸製鋼所㈱ …… 134

17　川崎重工㈱……………………………………………………… 135
18　千代田化工建設㈱………………………………………………… 135
19　その他………………………………………………………………… 136

第10章　水素エネルギーの次は何か ……………………………… 137

あとがき

参考文献

第 1 章　世界の水素社会

18 世紀の産業革命以後，世界の活動を支えているエネルギーは石油，石炭，天然ガス等の化石燃料が主体であるが，21 世紀に入り，温暖化現象，エネルギー紛争および自然エネルギーの復興等が世界的に表面化しており，これらのうねりの中で次世代の水素社会への期待が高まっている。

水素とは原子番号 1，原子量 1 の元素で，元素およびガス状分子の中で最も軽く水や有機化合物の構成分子として存在している。水素は燃焼しても水しか出さないクリーンエネルギーで，水素は化石燃料の 3 倍以上の燃焼エネルギーを持ち，常温，常圧では無色無臭の気体である。

しかし，体積エネルギー密度（ガソリンの約 1/3,000）が低いため多量の水素を貯蔵することが大きな課題である。また，燃焼，爆発しやすいため，日本では安全のため高圧ガス保安法容器保安規則により，赤いボンベに保管するように決められている。

これらの特長を持った水素を要とする図 1 の水素社会は地球温暖化問題や大気汚染も無く，資源戦争も無い平和で人間らしい世界を取り戻す，夢のような社会である。水素社会では水素を直接のエネルギー源として使用し，水素と空気との化学反応を利用した燃料電池で，分散型発電および自動車の駆動源を賄う。

水素が究極のクリーンエネルギーと言われながら，なかなか普及が進まないのは，水素はエネルギーの最終消費段階では大気汚染物質や二酸化炭素を排出しないが，水素の製造工程で二酸化炭素を排出するからである。また，水素を貯蔵，保管，輸送するに要する効率的な技術が見出せない等の課題がある。さらには石油，天然ガス，石炭等に代わる多量で安価な水素源が無いのが現状である。

最近になって，安価で多量に水素が取り出せるシェールガスが出現したことにより，ようやく水素社会の到来を感じさせることになった。

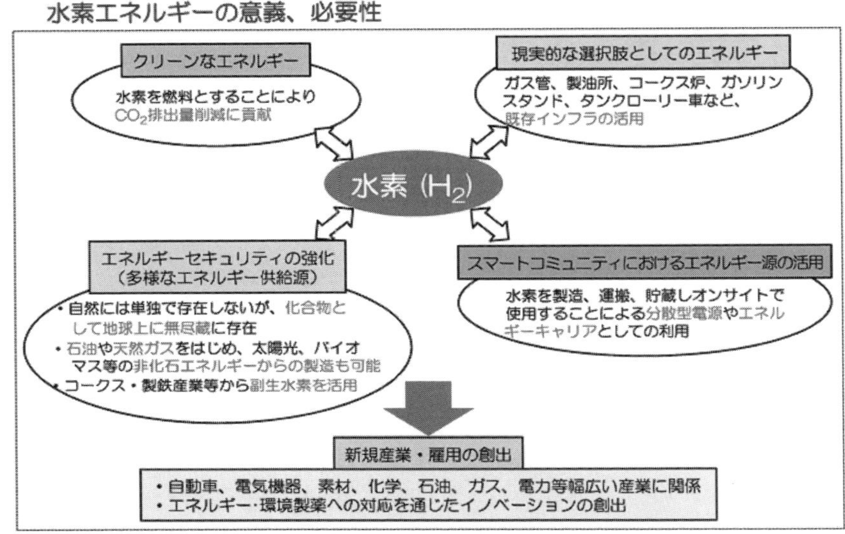

図１　水素社会のイメージ
（引用：水素供給・利用技術研究組合）

１　石油由来の水素社会を目指す日本

日本の燃料電池の開発は世界の先陣を切っており，家庭用の燃料電池は2009年に市販が開始され，図２のように2009年は累積台数約2,550台であったが，2013年は約71,805台で，４年間で約28倍となっており，現在も順調に増加している。

燃料電池自動車は2014年から市販されている。現在は図３の水素ステーションの普及シナリオに沿って建設が開始されている。

燃料電池の燃料は家庭用の燃料電池ではLPGおよび天然ガスが使用されている。燃料電池自動車では石油製品を原料とした水素が使用されている。

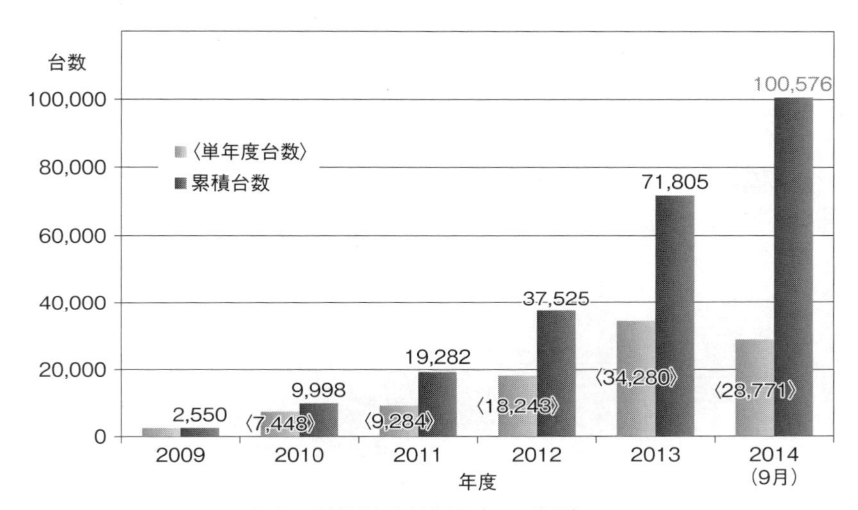

※2009～2013 年度は，補助金交付状況（FCA 集計）。
2014 年度は，2014 年 9 月 19 日時点での補助金交付決定ベース（FCA 集計）。

図 2　エネファームの販売台数

2　シェールガス由来の水素社会を目指す米国

米国でのシェールガスの商業採掘は始まって間もないが，2010 年の時点で，米国における天然ガス生産の 23％を占めるまでになっており，2035 年までにはその割合は約 50％に拡大すると見込まれている。

シェールガスは水素と炭素が結合したメタンが主成分であり，安価な水素供給源として有望視されている。既存の大規模発電による電気供給は，発電時のエネルギーロスが大きい上に，送電ロスも大きい。燃料電池のエネルギー変換効率は高い上に，消費地で発電するため送電ロスはほとんどない。天然ガスから水素を取り出し発電するタイプの家庭用燃料電池は，日本でも実用化が始まっており，夢の技術ではない。コスト面で目途が付けば，加速度的に分散型の発電社会に移行する可能性がある。

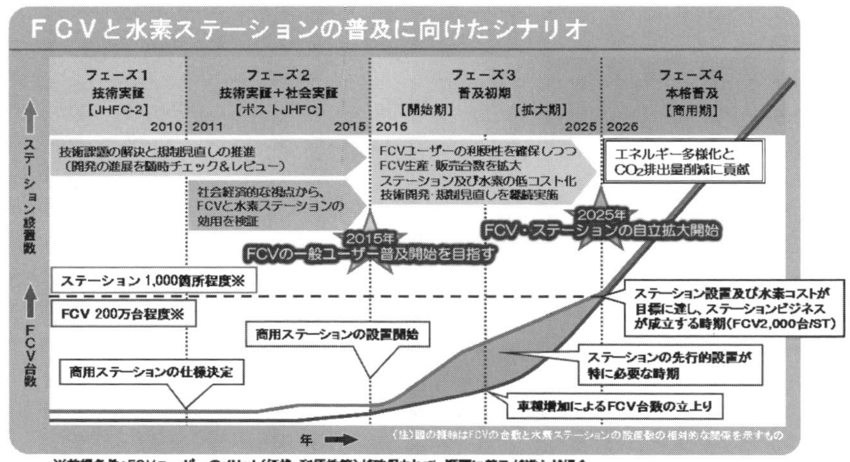

※前提条件：FCVユーザーのメリット（価格・利便性等）が確保されて、順調に普及が進んだ場合

- このシナリオは、国が掲げる2050年における運輸部門の温室効果ガス排出量８０%削減の目標達成には、2025年時点でFCV200万台、水素ステーション1000箇所程度を普及させ、これ以降は、FCV・水素ステーション共に経済原理にもとづいて自立的に拡大していくことが必要というシナリオ検討に基づいています。
- 2025年からの自立的な拡大を実現するためには、それまでにFCVが経済性かつ利便性の点から一般ユーザーに広く受け入れられる商品であることと、FCVの普及台数の増大を促す諸施策およびFCV普及に先駆けた水素ステーション等インフラの先行的整備が必須です。また、コスト低減に向けた技術開発と規制見直しの着実な推進も自立的な普及拡大に向けた重要な取組み課題です。
- このように、ＦＣＶ・水素ステーションの本格普及を確実にするためには、官民の緊密な協調と連携による確固たる推進政策と、これを受けた技術開発、規制見直しの取り組みや、市場形成に向けた普及支援事業が継続されることが不可欠です。

図３　水素ステーションの普及シナリオ
（引用：燃料電池実用化推進協議会）

３　褐炭由来の水素社会を目指す豪州

平成23年度に豊富な褐炭をガス化，精製して水素を製造し，メルボルン，シドニーで燃料電池車と水素ガスタービンコジェネレーションで使用する水素供給・利用インフラチェーンの案件形成調査を実施した。

その結果，燃料電池自動車で使用する場合には，ガソリン車と同等あるいは安価に燃料供給が可能となることがわかった。さらに，日豪両政府の支援の下，水素導入のきっかけとなるパイロットチェーン（水素製造規模10t/日）を遂行すれば，将来的には大規模化によって経済的に成り立ち，その後の普及がスムースに進むという結果が得られた。

水素製造方法の検討では，豪州国内で可能性のある褐炭由来水素，天然ガス由来水素，再生可能エネルギーの風力由来水素の製造コストを算出し，褐炭価格，天然ガス価格，CO_2 価格，風車の価格をパラメータとしてコスト比較を行った。さらにコストのみならず，政策，供給安定性，価格安定性，将来性等を考慮して総合評価を行った。その結果，褐炭由来水素が最も優れた水素製造方法であることを確認している。

震災後の日本と豪州をターゲットとしてエネルギー需給シミュレーションを実施した。その結果，豪州においても CO_2 削減の目標を達成するためには運輸部門への水素導入が進み，2050 年では約 50％の自動車が燃料電池自動車に置き換わるという結果を得ている。

豪州での水素利用のメインターゲットは燃料電池自動車であるが，その他の水素利用用途について，製油所，製鉄業，化学産業等の調査を行った。いくつかの産業では現在でも水素を使用しているものの，自社内に水素製造プロセスを保有している事業者が多く，外部からの購入には消極的であった。

燃料電池自動車の関連事業化検討では，水素ステーション事業候補者と燃料電池自動車供給候補者の特定を行い，それらの事業候補者と事業化への課題抽出および対策の検討を行った。

燃料電池自動車を豪州に普及させるためには，1. 業界の協調・コミット，2. 事業者への支援，3. ユーザーに対する価値創造，4. 安価で安定した水素の供給等が必要であることが判った。

4　欧州は再生可能エネルギー由来の水素社会

英国は 2014 年にエネルギー白書を発表し，安定的なエネルギー供給を維持しながら，低炭素社会を実現するための長期的取り組みを示した。 二酸化炭素の排出量を 2010 年までに 20%，2050 年までに 80%（1990 年比）を削減することを目標に掲げている。また，再生可能エネルギーの利用と小型分散発電システムの設置を援助し促進している。

英国の施策に則り，英国北東イングランド・ティーサイド地区に地域における水素社会構築と新・再生エネルギー技術開発，事業提携を促進している。

風力発電など再生可能エネルギーから水電気分解装置により生成する水素を，常温常圧でガソリンと同分類の有機ハイドライドとして高密度・高効率に貯蔵する風力水素貯蔵システムの開発を進めている。また有機ハイドライドとして貯蔵された風力水素は，タンクローリー等で既設のガソリンスタンドや需要地に輸送後，コンパクトな脱水素装置にて有機ハイドライドから水素を取り出し，より低廉なコストにて燃料電池や水素エンジン等に供給している。

英国をはじめ，欧州において再生可能エネルギー由来の水素インフラストラクチャーの構築がより加速され，エネルギー自給率の向上や CO_2 排出量の低減に積極的に寄与することが期待されている。

ドイツでは政府や企業がPower to Gasのパイロットプロジェクトを積極的に推進している。Power to Gasは，再生可能エネルギーの余剰電力を気体変換して貯蔵・利用する方法である。気体変換は，電力で水を電気分解し水素を取り出す方法である。

水素は，天然ガスパイプラインや水素ステーションに，メタンは天然ガスパイプラインに貯蔵する。ドイツでは，再生可能エネルギーの余剰電力は，オーストリアなど周辺の諸国に輸出してきたが，それも限界にきている。これら諸国でも再生可能エネルギーは着実に増えてきている。電力貯蔵には，揚水発電や蓄電池などが利用されてきたが，立地やコスト面で課題があり，Power to Gasがこれらに代わる技術として最近注目を浴びるようになった。

ドイツでは，ガスパイプライン網が充実しているほか，ノルトラインヴェストファーレン州で200km以上の水素専用のパイプラインがすでに存在している。

水素を天然ガスパイプラインに貯蔵する方法では，どの程度水素を混入させても安全上問題がないかさらなる検証が求められている。また，エネルギー政策との整合性の問題もある。化石燃料から再生可能エネルギーに転換するEnergiewendeを2010年に決定しており，火力発電の廃止が進んでいる。

デンマークでは，風力発電の余剰電力などで水を電気分解して水素を取り出し，約 40 軒の住宅にパイプラインで送る事業が 2007 年から実際に始まっている。各家庭には，家庭用燃料電池を設置し，電気と熱を賄っている。

ドイツでは洋上風力発電での水素製造，フランスでは太陽光発電での水素製造の水素エネルギー事業が開始されている。

欧州の水素エネルギーは 5 つのアクションプログラムで進んでいる。

①　市場参加可能な政治的枠組み

EU および欧州は持続可能エネルギー政策に密着した政策の枠組みの実現をめざす。

②　戦略的研究計画

世界と競合する技術開発のために必要な研究を行う戦略的研究計画を策定する。

③　水素と燃料電池のための戦略的計画

水素と燃料電池について，コスト低減，市場拡大のための戦略的計画を策定する。

④　水素と燃料電池のロードマップの作成

以下の道筋に沿って，欧州における水素と燃料電池の導入を目指す。

〈2010 年まで〉

・再生可能エネルギー源利用の増大
・化石燃料技術の効率，化石燃料起源液体燃料の質の向上
・天然ガスやバイオマス起源の液体合成燃料利用の増大
・既存水素パイプラインシステムを利用しての，水素と燃料電池の早期適用
・水素内燃エンジンの開発

この期間を通して，主要技術の基本的研究が必要である。

〈2020 年まで〉

・バイオマスからの液体燃料利用の継続
・化石燃料改質の継続・再生可能エネルギー，バイオマスからの水素製造システムの開発と実行

・太陽熱や原子力のようなカーボンフリーエネルギー源の継続的研究開発
〈2020 年以降〉
再生可能エネルギーおよび原子力エネルギーの導入により電力，水素をエネルギー媒体とし，漸次カーボン起源のエネルギー媒体を置換
⑤　水素と燃料電池技術の協力

5　原発由来の水素社会を目指す中国

中国は，2020 年までに原子力発電設備容量を合計 3,600 万～4,000 万 kW（原子力発電シェアにして約 4%）に拡大するために，30 基余りの原子力発電所の建設が計画されている。

2003 年末の中国の電気事業規模は，発電設備容量約 38,500 万 kW，発電電力量 19,000 億 kWh で日本の約 1.5 倍，米国に次いで世界第 2 位の規模となっている。

2000 年以降，10%に迫る高度経済成長を背景に，電力需要は平均 12%（前年比）もの急激な伸びを示している。また，高温，渇水等の天候影響も加わり，この対応として，毎年 2,000～3,000 万 kW の電源開発の供給力の増強を図っている。

電気事業体制の改革も行われ，1997 年に中央省庁の電力工業部を頂点とする官営事業から政策部門と事業部門を分離して，事業部門の「国家電力公司」を設立した。さらに，中国では送電網が未整備のため大量の電力が失われているため，第 10 次 5ヶ年計画（2001～2005 年）では，送電網の整備・効率化を図るため，発電と送電の分離に着手した。

中国は 1998 年に原子力関係行政組織を改組し，原子力規制当局の推進側からの独立，政府機構と企業組織の分離を行い，原子力開発を企業体制化した。これにより，政府の公平な規制と利潤を追求する企業成長のメカニズムが確立された。

原子力事業に関しては，原子力発電所はそれぞれ独立の発電会社（IPP）で

あり，持株会社として，中国核工業集団公司（CNNC）や中国広東核電集団有限公司（CGNPC）がこれらの支配権を有している。このほか，国家電力公司の原子力発電所出資分を一元的に移管された5大発電公司の1つ，中国電力投資集団公司（CPI）も新規原子力発電所建設を計画中であり，この体制に加わった。

1994年に初の原子力発電所・秦山1号が営業運転を開始して以来，11基，合計659万kWが運転中であり，総設備容量は856万kWである。これに加えて，広東省嶺澳第II（100万kW2基），浙江省三門（100万kW2基），広東省陽江（100万kW2基）の新設，および浙江省秦山第IIの増設（65万kW2基）の計8基が国務院によって認可されている。

国家発展改革委員会と国家電力網公司は，長期的な原子力発電開発目標として「2020年時点の総発電設備容量は95,100万kWで，石炭火力が60,500万kW（66.1％），水力が23,000万kW（24.2％），天然ガス火力が6,000万kW（6.6％），原子力が3,600万kW（3.8％），再生可能エネルギー，その他が2,000万kW（2.1％）」を打ち出した。

世界の水素市場は図4のように今後急速な増加が予想される。2015年は約10兆円であるが，2050年は160兆円まで増加して，35年間で水素市場が約16倍になる。世界の水素消費量も図5のように今後急速な増加が予想される。2015年は約0.1兆Nm^3であるが，2050年は7.5兆Nm^3で増加して，35年間で水素消費量は約75倍になると予想されている。

これは家庭用燃料電池，燃料電池自動車，水素火力発電等で水素の消費量が増加するためである。

水素エネルギーは地球温暖化問題や大気汚染も無く，資源戦争も無い平和で人間らしい世界を取り戻すための夢のような社会を創り出し，究極のクリーンエネルギーであると言われている。

しかしながら，技術面の課題，経済面での課題があり，水素社会への進展の速度が遅いのが現実であったが，多量で廉価なシェールガスの出現で加速度がつきそうな状態となってきた。さらに究極の環境負荷ゼロの水素を目指した

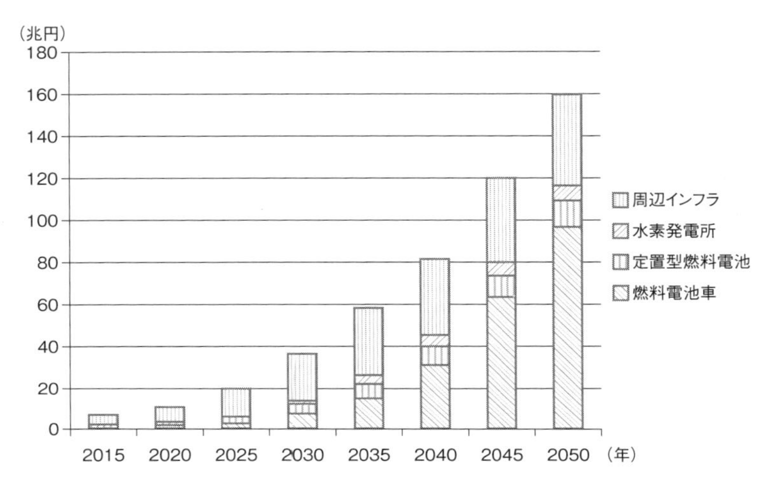

図４　水素市場
（引用：『世界水素インフラプロジェクト総覧』，日経 BP クリーンテック研究所）

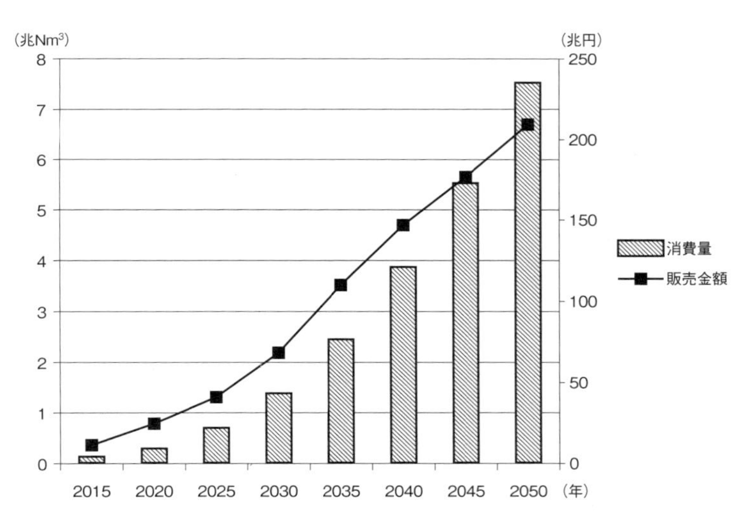

図５　世界の水素消費量
（引用：『世界水素インフラプロジェクト総覧』，日経 BP クリーンテック研究所）

試みとしてバイオガスの発電による水の分解，太陽光発電や水力発電および風力発電の電力での水の電気分解も可能になってきている。

世界規模で水素源を化石燃料だけではなく自然エネルギーからの発電による水の電気分解で水素エネルギーを得る時代も近い。

究極はこの水素社会の立役者“水素”をいかにして自然エネルギーから経済的に作り出し，かつそれを安全に取り扱うかが人類の課題である。

第２章　水素社会を構築する仕組み

水素社会を構築する基幹となる道具は家庭用燃料電池，燃料電池自動車，水素火力発電等である。

1　家庭用燃料電池

1.1　概要

燃料電池システムの歴史は遥か1801年にデイビィー氏が燃料電池システムの原理を発見したことから始まり，1839年イギリスのグローブ卿が低濃度の硫酸に浸した白金電極に水素と酸素を投入した時に電流が流れることを発見した。

現在，グローブ卿の名前は２年に１回イギリスで開催される燃料電池システムに関する国際学会である「グローブ燃料電池国際会議」にその名が冠せられている。

ところで，ガソリンエンジン，ディーゼルエンジン等の内燃機関の歴史を眺めてみると，自動車の心臓部であるオット式内燃機関が19世紀前半に完成し，早くも20世紀後半には米国のフォード社によりガソリンエンジン自動車の大量生産が始まった。

これに比較すると，燃料電池システムの方が歴史はあるが，実用化が遅れていることで技術開発の困難性がよく判る。

燃料電池システムに関する本格的な開発が進んだのは宇宙船の動力源としての開発がきっかけである。1965年に宇宙船ジェミニがエレクトリック社の燃料電池を搭載して以降，アポロ，スペースシャトル等に燃料電池が宇宙船の動力源として使われるようになった。

燃料電池システムが宇宙船用に使われるのは，ロケット燃料の水素と酸素が燃料電池システムの燃料として使えること，また，燃料電池システムの発電により生成した水を宇宙飛行士の飲料水に利用できる等で，燃料電池システム特有の利点が好都合だからである。

この宇宙船用の燃料電池システムの研究開発で得られた成果を発展させ，現在，自動車用，業務・家庭用および携帯用等の燃料電池システムの研究開発が進められている。すでに日本では実用化されている。

１．２　燃料電池の開発状況

燃料電池は水素と酸素が反応して電気と水を生ずる反応を利用した発電装置であり，これは多くの人が小学生の理科の実験等で経験している水の電気分解の逆である（図 1）。

水の電気分解とは，水に水酸化ナトリウムを少し溶解し電流を流れやすくして，直流の電流を流すと正極に酸素，負極に水素が発生する現象である。燃料電池は電極と電極の間に電解質が挟まった構造で，それぞれの白金電極に水素と酸素を供給し，水素と酸素の化学反応を生じさせ，外部回路に電流を取り出す方法である。

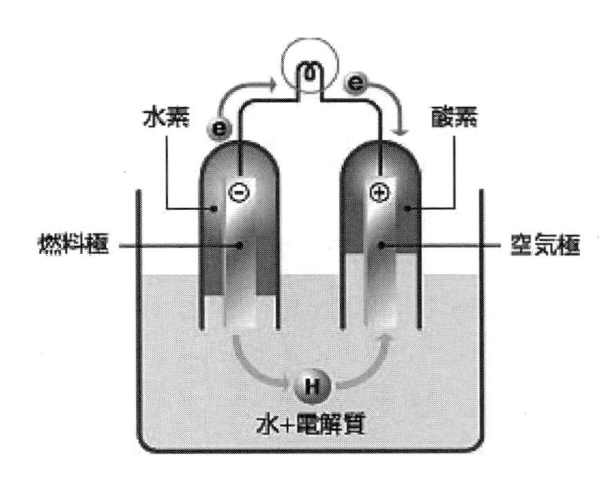

図１　燃料電池の仕組み
（引用：日本ガス協会）

現在，開発されている燃料電池の方式は，固体高分子型燃料電池，固体電解質型燃料電池，リン酸型燃料電池，熔融炭酸塩燃料電池の4種類がある。なかでも最も開発が順調に進み，市場に最初に出現すると有望視されているのが，固体高分子型燃料電池であり，本書では，固体高分子型燃料電池を中心として話題を展開して行く。

この燃料電池システムの実用化が最も早く，その用途は自動車と業務・家庭用である。電解質に固体高分子膜を利用し，電解質の中を移動する電荷担体はプロトンある。発電温度は約80℃で，燃料は水素あるいは天然ガス，メタノール，LPG，ナフサ，灯油等を改質して水素を取り出して使用する。発電効率は40～45%であり，総合熱効率（含む：発生するお湯をエネルギーに換算）は70～80%である。燃料電池システムの起電力は，セル1個当たりでは1V以下で，燃料電池システムを数十個から数百個積層することにより，モーター等を動かせるのに必要な出力電圧を発生させる。

こうしたセルを重ねた積層体はスタックと呼ばれている。固体高分子膜で使用する白金は高価な貴金属である。燃料は純粋な水素を使用し，一酸化炭素は1ppm以下にする必要がある。温水は80℃で熱源としては比較的低く，具体的用途が明らかでない等の短所もある。

1.3　家庭・業務用と自動車用燃料電池の構造

ガスを透過させない緻密質のカーボン板や金属板の表面にガスを流す溝を形成したセパレーターと呼ばれる板で，膜・電極接合体を両側からはさみこんだ構成になっている。

燃料電池システムの電解質は厚さミクロン単位の固体高分子膜で，この膜の両側に白金の超微粒子を塗布して電極を製造する。負極では，白金の触媒作用で水素はプロトンと電子になる（水素はプロトンと電子で構成されている）。電解質膜はプロトンのみを選択的に透過させ，電子は膜を透過しない性質を持つため，電子は外部回路を通って正極に到達する。一方，正極では，白金の触媒作用によって，空気中の酸素と，電解質膜を透過してきたプロトンと，外部回路を経由してきた電子とが結合して約80℃の温水を発生する。

反応は，$H_2 + 1/2O_2 \rightarrow H_2O$ となり，負極と正極の間に電気が流れることで発電が起こる。

(1)　電解質膜

燃料電池は電解質に固体高分子膜を利用したのが特徴である。使用している膜は，スルホン酸基（$-SO_3H$）を有するフッ素樹脂系イオン交換体でナフィオン，フレミオン膜等が主に用いられている。固体高分子膜は100℃以下の発電条件下では安定である反面，膜等の価格が高いという欠点がある。安価な膜として，最近，バラード社が開発した主鎖部をフッ素化したトリフロロスチレン共重合体に多くのスルホン酸基を含有したBAM3G膜や，アベニティス社（Aventis）が開発した高性能芳香族炭化水素膜がある。

他方，膜の機械的強度を向上させた膜も開発されている。また，電流の流れを詳しく見ると，電流が正極から負極に流れた時，水（1～2分子）が同時に移動するため，膜の正極側が乾燥してプロトン導電率が著しく低下すると発電不能になることがあるが，それを防止するため，水素と空気をあらかじめ外部で加湿して電池に供給する必要がある。

これらを解決するために，膜中の水分を管理ができる新しい自己加湿型電解質膜が開発された。この膜は膜中に粒径1～2nmの白金（Pt）と粒径5nmの電解質（TiO_2，SiO_2）を分散させている。膜の中に入ってくる水素と酸素で白金上で水を生成させ，その水を電解質に吸着させ，膜の内部に水を保持させる方法である。

(2)　電極

正極と負極の両方の電極は水素と空気に接触し，プロトンが通過することで発電がおこるため，特殊カーボンが利用される。また触媒として用いられる高価な白金の使用を減らすために，触媒の効率分散や，材料の微細構造と配合比を最適化した触媒層が用いられる。正極は一酸化炭素の被毒を受けづらい

「白金・ルテニウム合金」が使用され始めているが，ルテニウムの埋蔵量は極めて少なく，高価である。現在，「白金・ルテニウム合金」以外では「白金・鉄合金」，「白金・ニッケル合金」，「白金・コバルト合金」，「白金・モリブデン合金」等の数種類の合金が開発されている。

負極では，発電温度が低いため，従来の白金触媒では酸素を還元（酸素と水素を結合させて水にする能力）する能力が低いため多量の触媒が必要であり，高性能触媒の開発が必要である。

そこで，白金単体の10～20倍も高く酸素を還元する機能が示された電極の組成，触媒の結晶構造ならびに作用面積が良く規定された「白金・ニッケルの合金」，「白金・コバルトの合金」および「白金・鉄の合金」が開発されている。

(3)　セパレーター

セパレーターにはスタックを積層化する機能に加え，水素と空気を電極に効率よく供給し，効率的発電のため，膜の加湿や除湿が行える機能が必要である。ちなみに，セパレーターのあらゆる箇所にセンサーを設置し，このセンサーの分析値を的確に判断して発電をコントロール出来るのが，バラード社が開発した燃料電池の特徴と言われている。

発電温度が低いため，発泡グラファイトにガス供給路をプレス加工したセパレーターが用いられているが，他方，薄い金属板をプレス加工して両面にガス供給溝をつける方法も試みられている。

しかし，これらセパレーターではセパレーターから極微量溶出する金属イオンがプロトン導電率を著しく低下させていた。現在，ニッケル合金に換えて，特殊なステンレスシートを加工したセパレーターが開発されている。

(4)　配管（水素，酸素，水等の通路）

燃料電池システムは自動車用にしても，事業・家庭用にしても小型化が求められ，そのためには，水素と酸素を流す配管の集約化が重要である。現在は燃料電池システムでは立体的に配管を張り巡らす手法が使用されているが，この方法では，多くの空間が必要となる。最近開発された，集約された配管はプレートにあらかじめ流路となる溝を施し，その上に薄板を接合することで，集積回路のような２次元配管となっている。従来の方法に比較し，空間のスペースは70%削減になり，また，継ぎ手が不要となるため，配管組み立てのコストが大幅に削減できる。なお，この方法は鉄道車輌用のブレーキの空気配管などで採用されてきた摩擦拡販接合と呼ばれる接合技術であり，業種は異なるが多くの実績を持った手法である。

１．４　世界の家庭・業務用燃料電池の現状

家庭用燃料電池は，熱と電力を給湯や暖房に利用する熱電併給システムの動力源となる。現在は，PEFCとSOFCの二種類の燃料電池をベースに開発が進められている。商品化は日本が世界を一歩リードしている。アジアでは韓国，欧州ではドイツやイギリス，デンマークが，既設住宅での実証実験を行うなど開発に力を注いでおり，2015年以降に市場の立ち上がりが期待される。

ドイツでは2015年までに，800台の燃料電池システムの実証を行う「Calluxプロジェクト」が進められている。また，欧州やカナダ，アメリカでも市場獲得に向けて他国における開発プログラム参加や，ガス会社との提携などを積極的に推進している。

(1)　韓国

韓国では家庭用燃料電池の信頼性，安全基準に準拠するために2006年から実証事業が開始されている。また燃料電池の導入に補助金制度を設け，2010年から家庭用燃料電池導入費用の80%を，2013～2016年までに同50%，2017～2020年は同30%の補助を行い，普及促進を目指している。

(2)　欧州

欧州は一年を通じて暖房期間が長く，セントラルヒーティングによる長時間暖房を行うことから，家庭用燃料電池システムの排熱の有効利用に適した環

境にある。また家庭用燃料電池からの余剰電力を買取るシステムも導入されており，熱需要に合わせた効率の良い燃料電池の運転が出来る。しかし，全体的に世帯数が少ないため各国あたりの市場規模は小さい。また給湯器の置き換えを想定した場合，給湯器に競合できる燃料電池の低コスト化は厳しい。実証事業の開始時期や燃料電池システムの台数を見ると，技術面では海外の家庭用燃料電池の市場化は，日本に比べて3～4年遅れている。特に固体高分子型については，耐久性や信頼性の確立，低コスト化を進めるための技術開発に対するハードルが高く，SOFCをベースにした家庭用燃料電池システムの開発事例が多い。海外ではSOFC開発が主流になっている。

1.5　日本の家庭・業務用燃料電池の現状

燃料電池が家庭内の電力と給湯として使用され，空間，安全性等で制約が少ないため，分散発電としての家庭・業務用燃料電池システムが出現した。

発電の仕組みは固体高分子型の燃料電池システムである。家庭・業務用燃料電池システムの特徴として，使用空間，使用条件の制限が少なく，また発電と同時に発生する排熱を取り出し給湯等に利用できる。そのため，エネルギー効率が高いのが特徴である。

家庭・業務用の燃料電池システムが導入されると，現在使用しているエアコン，冷蔵庫，テレビ，洗濯機等がこの発電で賄われ，不足電力分だけを電力会社から購入する形態となる。固体高分子型の燃料電池システムは約80℃で運転され起動，停止が容易であるため，家庭・業務用としては電源と熱（温水）が活用できる。技術的機能は当然であるが，実用化に向けての最も大きな課題が経済性であったが，現在は解決されて本格的普及に向け販売されている。

日本の世帯数が約4,000万戸で，天然ガスが普及している世帯は約2,000万戸であり，残りをLPG，灯油の石油系燃料で賄っている。したがって燃料として，既設で都市ガスが供給されている所は，天然ガスが燃料電池システムの燃料となり，LPG，灯油が供給されているところは，燃料電池システムの燃料に利用される可能性が高い。

このように石油系燃料はインフラの問題はほとんどなく，また，水素発生量も天然ガスと比較して，分子的には水素が多いので優位である（これはエネルギー密度が高いことを示している）。

10 数年前には，家庭・業務用燃料電池システムは，運転，保守が容易であること，安全であること，素人でも運転可能である点が挙げられる。さらに，燃料の供給が整備され，排気ガスおよび騒音が少なく，小型で家庭内に設置可能で，耐用年数は短くとも 4 年程度であり，コージェネシステムであることなど，多くの条件を満たす必要がある。家庭・業務用の燃料としては，都市ガスと石油系燃料が想定されているが，これら燃料ではすでに家庭に供給されており，燃料供給面でのインフラはほぼ整備されている。課題は家庭で設置できるほどの小型化と経済性の問題であり，経済性では，量産化を条件とするが，高級家電並みの 10〜20 万円／台が望まれる価格である。

これを達成するためには，新規開発のときによく議論される話であるが「鶏が先か卵が先か」である。即ち，多量に生産すればおのずと価格を下げることが可能となり，先に製品価格を低下すれば，販売量が多くなるという理論である。また，家庭・業務用としての固体高分子型燃料電池システムだけではコストダウンの達成は困難で，家庭・業務用より先に自動車を実用化させて，燃料電池自動車の普及によって生産コストの削減を図る方法も議論されている。

家庭・業務用燃料電池システムの普及のためには，法的な規制の解除や緩和も絶対条件となり，現行の法制度は，燃料電池システムの出現を予想していないため，燃料電池システムを設置するためには，各種規制を整備する必要がある。

その後，電気事業法施行令の改定により家庭で発電をすることが可能となり，さらには余剰発電を電力会社に販売できる体制が整備された。

消防法の改定は家庭・業務用加熱設備の設置で水素を製造するための加熱設備の使用および燃料電池システムの燃料である LPG，灯油等の多量の貯蔵が認められた。

建築基準法の改定は家庭に発電設備を設置することが認められた。さらには，公害防止協定，高圧ガス保安法等があり，これも解決された。

家庭・業務用燃料電池システムの普及は，エネルギー問題および環境問題に貢献できるシステムとして研究開発が行われているものであり，燃料電池システムが家庭へ普及することで分散型発電が可能となる。この状態となると全ての家庭でこの方式が可能となると国内の電力供給体制に，大幅な変革をもたらすことは疑う余地はない。

なお，家庭・業務用の燃料電池の普及予想は経済産業省ではその当時2010年で約200万kW，2020年で約1,000万kW，2050年で約1,000万kW以上としている。

1.6　家庭・業務用燃料電池システムの将来

燃料電池はすでに量販家電店で販売される時代となっている。今後は国内だけでなく海外でも急激に普及すると思われる。

JX日鉱日石エネルギー㈱は現行の家庭用燃料電池「エネファーム」（PEFC型）に比べ，約40%（容積比）小型化するとともに，定格発電効率45%を実現した，世界最小サイズ，世界最高の発電効率を有するSOFC型のエネファームを2011年10月に販売開始を発表した。東日本大震災を機に，「節電対策」や「停電への備え」として，SOFC型エネファームを位置づけ，太陽光発電システムとの組み合わせたダブル発電によって，経済性，環境性をより高めることが可能とした。

2012年夏にオリジナル蓄電池システムを開発・市場投入し，「燃料電池（エネファーム）」，「太陽光発電システム」，「蓄電池」の3電池（図2）を組み合わせることで，通常時にはより電力自給率を高め，停電時にもエネファームの運転を継続し電力を確保することができる「自立型エネルギーシステム」の提供を開始した。

2013年には独自の専門研修を経て育成・認定するエネルギー診断士を全国に約1,000名配置することで，「省エネ」「再エネ」「自立」に対するニーズに沿った3電池の最適な組み合わせを始め，住宅性能や暮らし方の改善等を提案

図２　蓄電池システム
（引用：積水ハウスのホームページ）

できる体制を確立している。

2　燃料電池自動車と水素ステーション

2.1　燃料電池自動車

(1)　概要

燃料電池システムの用途で最も注目されているのが自動車用である。燃料電池は電気化学反応によって直接電力を取り出し利用できるので，自動車エンジンのようにカルノー効率の制約を受けないためエネルギー変換効率が非常に高くなる。既存の自動車エンジンのエネルギー効率は約30%であるが，燃料電池自動車でのエネルギー効率をGM社は45%と発表している。このようにエネルギーを発生させる原理が全く異なることで，自動車業界は根底からの技術革新にせまられることになった。しかしながら，日本の優秀な自動車会社は英知を結集して，世界に冠たる燃料電池自動車を2014年12月2日に販売する快挙をなしとげた。

カルノー効率とは，18世紀のフランスの物理学者が提唱したエンジン等の熱機関を動かすには高い熱源と低い熱源が必要であるとの熱力学の第二法則である。1824年に彼は火の動力とこの力を発現させるのに適した機械に関する考察の論文を発表している。

すなわち，最も効率のよい理論的な熱効率は高い熱源と低い熱源のみで決まり，下記式で決定される。

熱効率＝（T2－T1）/T2

T1は低い熱源の絶対温度，T2は高い熱源の絶対温度を指す。このように，熱効率は絶対温度にだけ影響を受ける。即ち，現在のエンジンはどんなに効率的に運転しても，この法則を破ることはできない。

一方，GM社（General Motors）が公表しているように，ガソリンを使用したときの，1マイル自動車が走行するときに，発生するCO_2の量は燃料電池自動車では30gであるが，既存自動車では50gである。このように，燃料電池自動車は環境に優しいことがわかる。

燃料電池自動車には固体高分子型燃料電池システムの燃料電池が使用される。固体高分子型燃料電池システムは約80℃で運転され起動・停止が容易であり，軽量化，小型化が容易である。さらに，燃料電池のメンテナンスが容易であることなど，自動車用として適している条件を多く有しているため，固体高分子型燃料電池システムを搭載した燃料電池システム車の開発が積極的に行なわれている。

燃料電池システムでは，技術的機能はほぼ実用の領域であるが，最も大きな課題は経済性である。すなわち，いかに，既存の自動車なみの価格に近づけるかである。現在の固体高分子型燃料電池システムの発電装置は630,000円／kW（発電単価当たりの費用）で，燃料電池自動車には最低50kWの燃料電池が搭載されるので，燃料電池費で約3,000万円となる。この燃料電池を搭載した車が１億円と噂されたのは的を得ている話である。

燃料電池自動車はガソリン車やディーゼル車とは異なり，エンジンを駆動源としていないため，エアーコンプレッサー，冷却水循環ポンプ等を動かすのに，すべてにモーターとそれに供給する電源が必要である。このように，燃料電池システム自動車は単に自動車を動かす駆動源が，エンジンから電池に変化しただけでなく，既存自動車とは，異なるところが多くなることを理解する必要がある。

燃料電池システム車が普及するためには，少なくとも既存のガソリンエンジン，ディーゼルエンジンに比べて出力性能で同等レベルが要求される。既存のガソリンエンジンの比出力（kW/kg）と比較すると，エンジン出力の増加に伴い，比出力が直線的に増加し，ガソリン乗用車出力100kWに対しては0.6～1kW/kg程度の能力が要求される。

燃料電池システムの出力，重量，容積は公表されているデータが少ないが，カナダのバラード社の固体高分子型燃料電池システムを搭載した「ネッカーⅣ」，「ネッカーⅡ」および「ネッカーⅠ」では約0.2kW/kgで既存のガソリンエンジン車より劣ることが判る。しかしながらバラード社の発電装置単体では0.8kW/kgの値を達成しており，ガソリンエンジンと同等以上の性能である。

既存のディーゼルエンジンの比出力（kW/kg）と比較すると，エンジン出力の増加に伴い，比出力はほぼ同じ値であり，エンジン出力を増加しても比出力はあまり変化ない。ディーゼルバスは出力200～300kWに対しては0.2～0.3kW/kg程度の能力が要求されるが，「ネバス（NEBUS）」の能力は0.2kW/kgでほぼ要求値を満足している。

固体高分子型燃料電池システムの発電装置の比出力，出力密度の向上には，電極単位面積当たりの発電密度を上げ，発電装置の断面に占める電極面積の割合を大きくし，軽量および薄型に形成する取り組みが必要となる。

(2)　世界の燃料電池自動車の現状

燃料電池自動車は燃料電池だけでなく，水素製造装置および燃料貯蔵容器等を含み，これらすべてが出力性能として評価される。ダイムラー・クライスラー社の最新の燃料電池システム車「ネッカーⅣ」は液体水素を燃料として出力70kWのシステムで0.2kW/kgを実現しているが，同等のガソリン車との比較では劣っている。

一方，燃料電池システムを搭載したバスの「ネバス」では，水素ガスを燃料として0.18kW/kgを実現しており，同等のディーゼルバスに近い出力性能を達成している。

このようにガソリン自動車との比較では燃料電池自動車は出力では劣るが，ディーゼル自動車との比較においては，ほぼ同等能力を発揮している。

燃料電池自動車の燃料は，当初，液体燃料と改質装置を車に搭載する方法が検討されたが，メタノールはインフラの問題，ガソリンは改質技術の課題等があるので，メタノール，ガソリン等の液体燃料を使用する燃料電池自動車の可能性は低くなった。

2002年12月2日に市販された燃料電池自動車は水素ボンベ搭載式であり，燃料としては水素である。

1967年に米国のカリフォルニア州が設立したカリフォルニア大気資源局（CARB）は，カリフォルニア州の大気汚染の改善を業務としている。独自に，大気汚染を規制する法律を定めることができ，さらに連邦政府の大気浄化法よりも厳しい規制を課すことで，自動車メーカーの技術開発を促してきた。ゼロエミッション規制とは，CARBが1990年に打ち出した規制で，有害な排気ガスや二酸化炭素などを一切出さない「排出物ゼロ」の自動車を2003年までに一定量販売しなければならないというものである。当時期待されていた電気自動車の普及が進んでいないため，燃料電池車に大きな期待がかかっている。

2000年11月にカリフォルニア州で燃料電池車の共同実験が開始された。正式には「カリフォルニア燃料電池パートナーシップ」と呼ばれている。燃料電池車の公道実験を通しての安全性や耐久性の基準づくりや，燃料の問題を話し合い，商業化への道筋を探るのが目的である。ここには，自動車メーカーのGM，フォード，ダイムラー・クライスラー，トヨタ，ホンダ，日産，フォルクスワーゲン，韓国の現代の８社が参加している。また，水素という燃料を使うため，シェブロン・テキサコの石油メジャーなども参加している。各社が乗用車，大型車など，色々なタイプの燃料電池自動車を持ち寄って実験が行われた。また日本でも，ダイムラー・クライスラーとマツダが横浜などで，公道実験を2001年に行った。この結果，既存自動車と比較して，加速性，運転性等についてはほぼ同じ感覚であった。ひとつ異なるのは，空気と水素を燃料電池システムに供給するコンプレッサーの音が聞こえるとのことであった。

当時，経済産業省は，燃料電池車が2010年に5万台，2020年には，500万台普及すると予想している。

市場規模は乗用車以外に商用車やバスを含む燃料電池自動車のメーカー出荷ベースでとらえた。世界的にエコカー開発に注目が集まる中で，低燃費車開発は自動車メーカーの今後の世界戦略において重要な課題になっている。将来的にはガソリンから水素燃料へ転換が進むが，ハイブリッド自動車や電気自動車などの低燃費技術が先行して普及するという認識があり，商用燃料電池車の販売台数やその後の市場拡大の取り組みにやや失速感があるとの見解もある。一方，日本メーカーは世界に先駆けてハイブリッド化を進め，燃料電池自動車開発にも積極的に取り組んでおり，2015年時点の販売台数は日本メーカーが最も多いとされている。

1）米国

米国では，米国エネルギー省の燃料電池自動車の運転実証やカリフォルニア州独自のカリフォルニア燃料電池パートナーシップなどのプログラムがあり，世界の自動車メーカーも参加している。ただ，GM，フォードが燃料電池自動車よりも，より実用的なハイブリッドカーや電気自動車を優先する動きが見られることから，市場拡大が進まない可能性もある。燃料電池自動車の輸入も米国内メーカーによる生産・販売が軌道に乗った段階で増加すると予測する。

2）ドイツ

ドイツでは長期開発計画として水素・燃料電池技術国家技術革新プログラムに基づいて開発が進められている。政府主導で燃料電池自動車の実証走行と水素ステーション整備が進んでおり，2015年の商用化を目指している。

ダイムラーは2010年に燃料電池自動車の限定量産計画を発表しており，水素ステーション整備が進む欧州，北米に投入された。

「ダイムラーAGのエフ・セル」は全長3.7m×全幅1.8m×全高1.7m，最高速度160km/h，航続距離320km，燃料電池能力93kW，水素タンク70Mpaである。

「GMのエクイノックス」は全長3.7m×全幅1.7m×全高1.6m，最高速度150km/h，航続距離250km，燃料電池能力68kW，水素タンク35Mpaである。

3）日本

国産グループとしては，「トヨタのFCHV-adv」は全長4.7m×全幅1.8m×全高1.6m，最大速度155Km，航続距離830km，燃料電池能力90kW，水素タンク70Mpaである。

「ホンダのFCXクラリティ」は全長4.8m×全幅1.8m×全高1.4m，最高速度160km/h，航続距離620km，燃料電池能力100kW，水素タンク35Mpaである。

「日産のX-TRAIL　FCV」は全長4.4m×全幅1.7m×全高1.7m，最高速度150km/h，航続距離370km以上，燃料電池能力90kW，水素タンク35Mpaである。

「スズキのSX4-FCV」は全長4.1m×全幅1.7m×全高1.5m，最高速度140km/h，航続距離160km（10/15モード），燃料電池能力80kW，水素タンク70Mpaである。

「マツダのSX4-FCV」は全長4.1m×全幅1.7m×全高1.5m，最高速度

140km/h，航続距離160km（10/15モード），燃料電池能力80kW，水素タンク70Mpaである。

自動車本体の開発は順調に進行し，現在，コスト削減を目指して各社が総力を挙げており，近々，市場が納得する価格の車が出現するものと期待大である。2014年12月にトヨタは「MIRAI」の発売を開始した（750万円）。

(3)　燃料電池時自動車の将来

世界の燃料電池車の普及拡大には，図３のように各国の自動車市場，水素ステーション整備などの条件が揃うことが必要で，特に水素ステーションは政策的な面が大きい。これまで，世界で建設された水素ステーションは実証研究用を中心に200ヶ所以上。うち米国がもっとも多く次いで，ドイツ，日本の順になると見られ，カナダや韓国も積極的に取り組んでいる。

燃料電池自動車の普及を見越した水素ステーション整備が燃料電池自動車の普及を後押しすることになり，水素ステーションの整備が急務である。

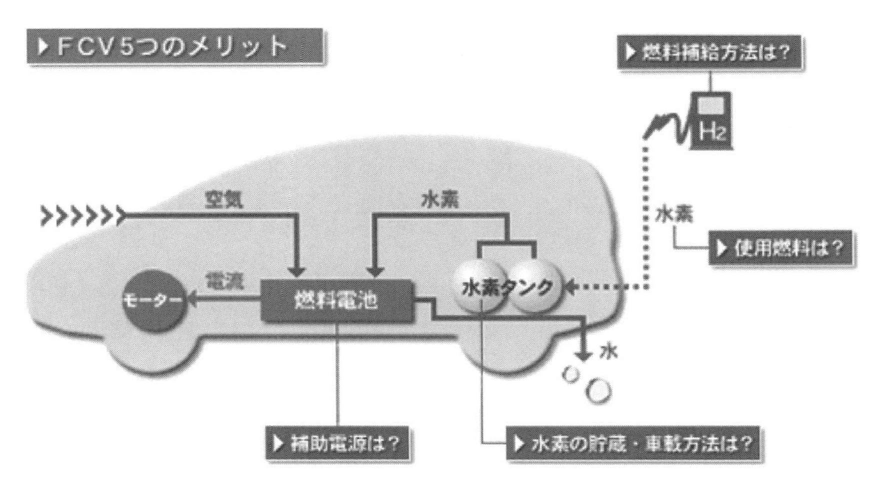

図３　燃料電池自動車の仕組み
（引用：水素・燃料電池実証プロジェクトのホームページ）

燃料電池自動車の実用化に関し，自動車メーカーの同事業関係者は2008年3月「2015年が事業化を見極めるタイミングになる」と口をそろえた。経済産業省が実施する「水素・燃料電池実証プロジェクト」が開催したセミナーで，登壇した自動車メーカーの代表や大学教授が同様のコメントを繰り返した。

燃料電池自動車は，同じ環境対応型の自動車では，電気自動車やハイブリッド車に比べて実用化までの道のりが遠く「飛行機にたとえるならハイブリッド車が巡航中，電気自動車が離陸上昇中とすれば，燃料電池車は滑走路を走行中」という状況である。車両の耐久性の向上や，車両と水素インフラ双方のコスト削減などが課題になっている。

これらの課題を解決し，2015年を目途に技術の成立性を確認し，国と産業界が燃料電池自動車の事業化を決断するとのシナリオを描いた。

1）トヨタ

トヨタ自動車は「燃料電池車を普及させるには1台当たりの車両生産コストを今の1/100程度に抑える必要がある。技術開発で1/10まで下げれば，量産効果であとの1/10はクリアできる。技術開発による1/10の達成目標時期は2015年が妥当で，その後，量産に入れば2020年代にはあとの1/10も達成できるだろう」とした。

2）日産自動車

日産自動車は「コスト削減と並んで大きな課題になるのが耐久性。触媒や膜材料の評価をいかに簡便にできるかが今後の技術開発のポイントになる。中性子線やX線を使った計測技術を国の協力も得て活用しながら，高電位下でも腐食しにくい触媒担体材料や電位サイクル下で溶出しにくい触媒材料などを開発したい。2015年には耐久性10年の燃料電池車の実現に目途がつくのではないか」とする。

3）ホンダ

ホンダは「燃料電池車は，開発者にとっては社会的な要求への回答になることなどが魅力。消費者にとっても静音性やドライバビリティといった魅力がある。燃料電池やモーターの小型化が進み，セダンにも燃料電池システムが搭載できるようになった。今後の課題はコストと耐久性だが，これも2015年には成果がみえてくる」と語った。

2.2　水素ステーション

燃料電池車に水素を供給するための施設が水素ステーションである。水素を輸送して貯蔵するオフサイト型と，石油，都市ガスを改質して，水素をその場で製造するオンサイト型がある。オンサイト型は水素製造装置，貯蔵タンク，圧縮装置，注入装置から構成されている。オフサイト型は貯蔵タンク，圧縮装置，注入装置から構成されている。

2013年４月にJX日鉱日石エネルギーは，図４の神奈川県海老名市と愛知県名古屋市のガソリンスタンドの中に水素スタンドを増設した。既存の大型セルフのガソリンや軽油を販売する計量機に併設して水素充填機を置いた完成系に近い形である。まだ過度の規制が多く残る中で，その運用を始めた。

① 建設・運用：JX日鉱日石エネルギー　　運営：ENEOSネット
名称：海老名中央水素ステーション（水素直接納入のオフサイト型）

② 特徴：SSの同一敷地内において，ガソリンや軽油等のアイランドに併設して水素充填機を設置出来たこと。2014年５月現在国内に2ヶ所のみ。

③ 充填機：株式会社タツノ製　　充填圧力：70MPa（700気圧）対応
充填方式：SAE　TIR　J2601と呼ばれる方法

④ 充填時間：最大5kg/車１台を約３分。短時間で高圧の水素の充填が可能なのはプレクールというマイナス30-40℃に事前冷却し充填するシステムを採用。

JX海老名中央水素ステーション

図４　水素ステーション
（引用：JX 日鉱日石エネルギーのホームページ）

⑤　蓄圧器への充填能力：300Nm^3/時，車１台最大 5kg ＝約 55m^3 とすれば，毎時５台分の充填能力。

⑥　蓄圧器：サムテック社製，80MPa からの差圧充填，12 本，2,100Nm^3。
トレーラー同様「アルミ製のライナーを CFRP で強化した Type Ⅲ蓄圧器」。

⑦　専用トレーラー：川崎重工製　　貯蔵（運搬）容量：3,000Nm^3
圧力：45MPa　材質：炭素繊維強化プラスチック（CFRP 材）を使用

⑧　圧縮機：直接充填対応型，神戸製鋼製

⑨　冷凍機：前川製作所製

⑩　SS 敷地：面積は約 3,300m^2　　用途：市街化調整区域

⑪　資格者：高圧ガス保安法の丙種化学

都心部への水素ステーションの普及を目指す場合，石油業界の特約店等が持つ300坪クラスのSSにも設地出来る簡易パッケージ型の水素スタンドを作る必要がある。これは岩谷産業がドイツから輸入したリンデ社のものや，大陽日酸の移動式水素スタンドがイメージに近い。その大きさは，4m × 2.5m程度の通称ハーフコンテナサイズ。すなわちSSでは機械洗車機の稼働スペースと言える。

３　水素火力発電

３.１　背景

現在，世界の発電の主流は石油，石炭，天然ガス，シェールガス，廃棄物などを燃焼した反応熱エネルギーを電力へ変換して発電する火力発電である。火力発電の燃焼工程では温室効果ガス，硫黄化合物，PM2.5および窒素化合物等を排出して環境に負荷を負わすことになる。

近年，次世代の環境負荷低減の火力発電が要望されており，そのひとつが水素を燃料とした水素発電である。

現状では既存火力発電の燃料とコストで競争できるほど水素価格が安価でないため，安価な水素製造の方法，輸送方法および貯蔵方法の技術開発を行なっている。

2010年ごろから一気に市場に登場した安価なシェールガスを使用して，安価な水素を製造する技術開発が活発になっており，水素社会の到来も視野に入っており，水素発電は2030年以降の有望な火力発電として注目されている。

３.２　火力発電の概要

火力発電は，図５に示すように，燃料を燃やして水蒸気を発生させ，その蒸気の力で蒸気タービンを回転させて電力を発生させる。蒸気タービンを回転させた後の蒸気は，復水器で冷やして水に戻し，またボイラー内に送られて蒸気として使用される。以下，火力発電の主要設備について述べる。

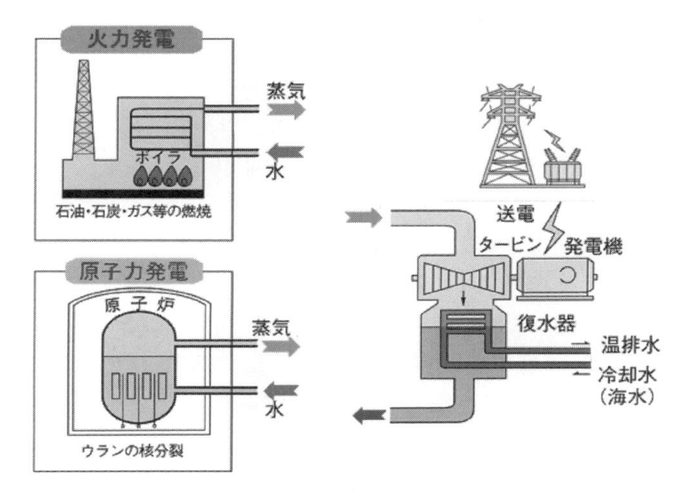

図５　火力発電の概要
（引用：四国電力㈱のホームページ）

(1)　ボイラー

水蒸気を製造する発電用ボイラーは伝熱部が水管になっている水管ボイラーが使用され，その形式は貫流ボイラー，強制循環ボイラーおよび自然循環ボイラーである。貫流ボイラーには通常の水蒸気の製造に使用され，定圧ボイラーと変圧ボイラーがあり，蒸気温度 374.1℃以上，蒸気圧力 22.1MPa 以上の超臨界圧，蒸気温度 593℃以上，蒸気圧力 24.1MPa 以上の超々臨界圧で水蒸気を製造している。

自然循環ボイラーは排熱回収型コンバインドサイクル発電の高温排気を使用した水蒸気の製造に使用される。

なお，水蒸気を発生されるための水は純度の高い水が必要であるため，イオン交換樹脂や逆浸透膜装置，付帯設備でシリカやその他の水銀イオン，溶存ガスなどを除去した水が使用される。

(2)　タービン

ガスタービンは燃料の燃焼等で生成された高温の水蒸気のもつエネルギーをタービン（羽根車）と軸を介して回転運動へと変換して発電する装置である。

発電所で使用される水蒸気タービンは，高圧，中圧，低圧の３つのタービンから構成されており，水蒸気は高圧タービンを回した後，再熱器で再び熱せられ，再熱水蒸気として中圧タービンで使用される。最後に低圧タービンで使用される。近年，水蒸気タービンは高効率化をもとめ，水蒸気タービン発電からガスタービン発電にさらにコンバインドサイクル発電と進化している。

ガスタービンは大量の空気を圧縮機で圧縮し，この高圧の空気に燃料を噴射し，燃焼させて高温高圧となった燃焼ガスで発電する。

ガスタービンは高温で動作するため，その排気もまた十分に高温であり，排熱回収ボイラーを組み合わせたコンバインドサイクル発電に進んでいる。

発電効率は，蒸気タービンは40％前後が限度で，ガスタービン発電は40％前後であったが，コンバインドサイクル発電は60％以上が可能となった。

(3)　復水器および冷却器

復水器は水蒸気タービンで使用された蒸気を冷却して水に戻す装置で，戻された水は給水ポンプに送られ，再びボイラーで使用される。

日本の火力発電所では，ほとんどが海水を冷却水として利用しているため，復水器で，冷却水が復水器の冷却管内を通り，水蒸気とは直接接触しない冷却器が使用されている。

また，海水の取水には深層取水方式が採用され，放水には表層放水方式が採用されている。

(4)　煤煙処理設備

火力発電は環境負荷が問題視されており，特に石炭火力などは煙突よりばい煙を噴出し公害をイメージするものとして描かれる事が多かったが，火力発電は環境負荷を低減させる煤煙処理設備を設けている。水素発電ではこれら装置は不要となる。

- 集塵装置：煤塵の排出量を低減する静電気の力を利用して煤塵を分離，捕集する電気式集塵装置
- 排煙脱硝装置：窒素酸化物（NOx）の排出量を低減する乾式アンモニア接触還元法装置
- 排煙脱硫装置：硫黄酸化物（SOx）の排出量を低減する湿式石灰石膏法装置
- 水銀除去装置：無機・有機水銀を活性炭で除去できるIHテクノロジー法水銀除去装置

3.3　水素発電の現状

イタリア最大の電力会社であるENEL社は，2010年7月，水素を燃料とする商用の火力発電設備を世界で初めて竣工した。竣工したのは，ベネチア近郊のフジーナにある出力960MWの既設石炭火力発電所構内に増設されたガスタービンと排熱回収ボイラーである。

増設したガスタービンは，近隣の石油化学工場で副生する水素を燃料とし，出力は12MWである。さらに，ガスタービンを出た高温の排ガスの熱エネルギーを排熱回収ボイラーで回収して水蒸気を作り，既設の蒸気タービンへ導くことにより，出力が増加する。

水素は燃焼してもCO_2が発生しないため，同量発電の火力発電に比べ，17,000tのCO_2の削減効果が期待できる。発電効率は約42%，建設費は約55億円で，2008年から工事が進められていた。

水素の燃焼挙動は，天然ガスなど従来型のガスタービンの燃料と異なるため，水素燃料のガスタービンにはENEL社が米国ゼネラルエレクトリック（GE）社の関連会社GE Nuovo Pignone社との共同研究により開発した新型の燃焼器が採用された。この燃焼器では，水素は予め蒸気で希釈されて噴射される。

ENEL社は，イタリア環境省やベネチア地区の企業連合とともに2003年にコンソーシアムを結成し，水素パークと称する発電用や輸送用エネルギーとし

ての水素の一大基地を目指したプロジェクトを推進している。

今回の水素を用いた発電技術開発もその取組の１つで，ENEL 社は今後，ガスタービンの運転を通して，装置の安全性，燃焼の安定性および制御性などの技術データを取得する。さらに温室効果ガス，窒素酸化物，硫黄酸化物およびPM2.5の生成制御などの技術データを取得する。

ENEL 社は，将来的には，石炭をガス化して，石炭ガス中の炭素は二酸化炭素として分離・固定化し，水素を分散電源用，自動車用燃料電池だけでなく，火力発電のガスタービンでも利用する狙いがある。今回の水素発電所の稼動はそのための第一段階にあたる。

川崎重工業は2017年を目途に水素火力発電設備を，世界に先駆けて量産化を計画している。水素は燃やしても二酸化炭素を排出しないほか，長期的に発電コストが天然ガス火力並みに下がるとの見通しである。川崎重工業は自家発電設備として日本や，温暖化ガスの削減を急ぐ欧州などで販売を開始する。

三菱重工業と米ゼネラル・エレクトリックなども開発を急いでおり，GE は水素燃焼タービンの開発を実施しており，三菱重工業が低カロリーガス向けタービンの開発を進めている。

３.４　水素発電の今後

2013年に川崎市と千代田化工建設は共同で水素エネルギーフロンティア国家戦略特区を国に提案した。東京湾岸の川崎市臨海部に大規模な水素エネルギーの供給拠点を構築する計画で，中核になるのは水素発電の設備である。2年後の2015年に実現を目指すとした。

水素発電としては世界で初めて商用レベルの設備を建設する。発電規模は90MW を予定している。CO_2 を排出しない発電設備として，原子力を代替する期待がかかる。年間に利用する水素は6.3億 Nm^3 を見込んでいる。

さらに水素とLNG を混焼させた発電方法も試して，発電量などのデータ収集と燃焼技術の蓄積に取り組む。混焼発電を実用化できれば，LNG を燃料に使う火力発電所に水素を供給して，二酸化炭素排出量の削減を図ることができる。

第３章　水素の製造方法

水素社会の要となる技術は図１の水素製造である。水素は自然界にはほとんど存在せず，炭化水素や水などの化合物として存在している。現在，水素の需要は工場で産出される副生水素で賄なっており，足りない場合には化石燃料を改質して製造し供給している。

水素の製造は水蒸気改質，部分酸化，自己熱改質等で石油，天然ガス，石炭などから水素を製造するのが一般的である。これらの水素製造プロセスでは温暖化ガスの二酸化炭素等を排出し，また，経済性が劣っていた。しかし，廉価なシェールガスが多量に出現したことで，環境負荷低減で経済性の優位な水素を多量に水蒸気改質法，自己熱改質法で製造することが可能となり，水素社会の出現も夢では無くなった。

1　化石燃料からの水素製造

図２のように，水素製造は水蒸気改質，部分酸化法や自己熱改質法が一般的に採用される。無触媒の部分酸化法を採用する場合もあるが，プラントの立地条件や用役条件およびエンジニアリング会社によりそれぞれの最適のプロセスが採用される。

1.1　水蒸気改質

反応温度は 700-800℃，反応圧力は 10-30 気圧，水蒸気／炭化水素比は原料により異なるが一般的には 3-5 気圧の範囲が採用される。反応圧力をさらに高くするには反応平衡からもっと高温反応が必要となるが，反応管材質の限界から通常 30 気圧以下となっている。

$$CH_4 + H_2O = 3H_2 + CO$$

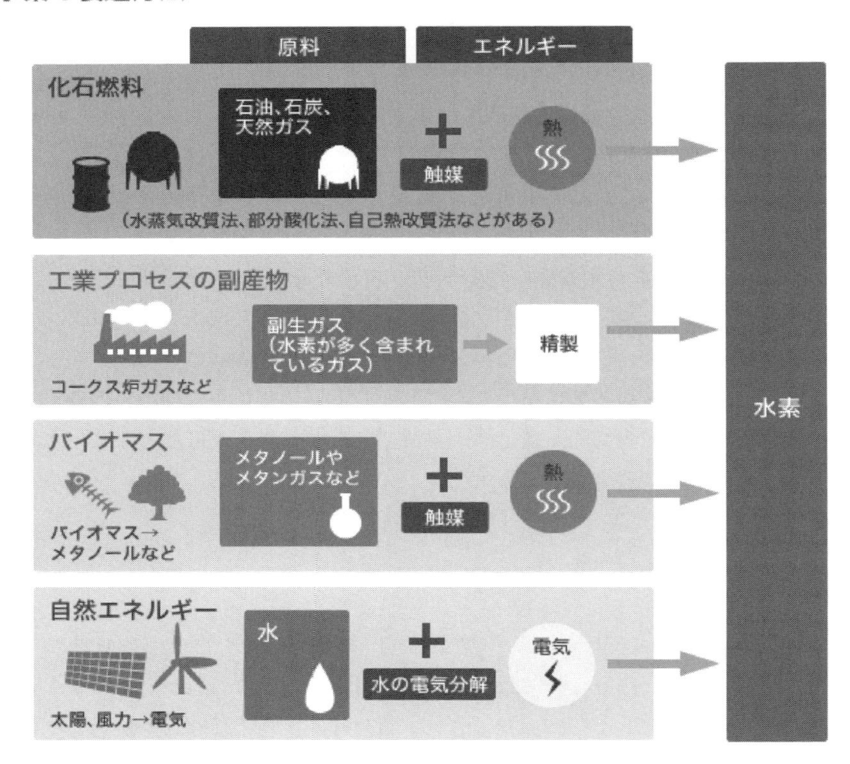

図１　水素製造の概要
(引用：新エネルギー・産業技術総合開発機構「NEDO 水素エネルギー白書」(2014 年 7 月))

触媒はニッケル系が用いられており，触媒担体はアルミナやセラミックスが用いられ，触媒担持物はアルミナ，マグネシア，アルミニウムスピネル体である。

反応は吸熱であり反応熱を供給するため反応器は管型を採用し，反応管を反応器内に設置してバーナーで直接加熱する方法である。プラントが大型化す

既存合成ガス製造技術の特徴

反応およびプロセス

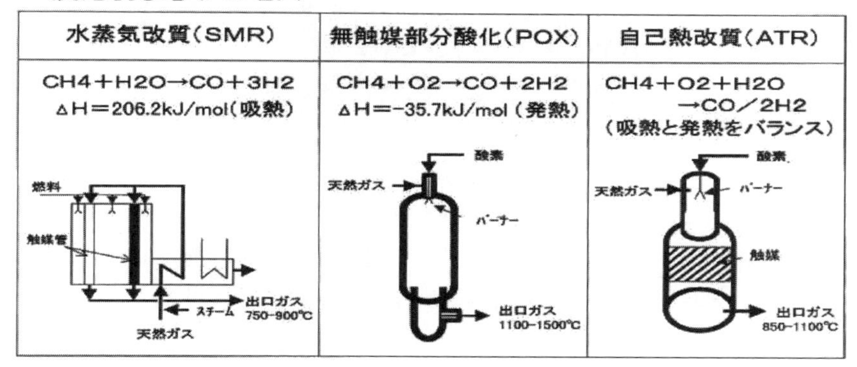

図２　水素製造の技術
（引用：化学工業日報社の燃料電池の話）

るにともない，高温の燃焼ガスで反応管を加熱する熱交換型改質が開発されている。

1．2　部分酸化法

石炭や原油残渣からの水素製造に使用され，中央の反応装置の構造は簡単であるが，反応は発熱反応で，反応器の内部は1,000℃以上になるため，高品位な耐熱材が必要である。反応装置内での天然ガスの燃焼時間は数秒と非常に短時間であり，炭素を析出しない条件での運転が困難である。

$$CH_4 + 1/2O_2 = 2H_2 + CO$$

この方法には酸素製造装置が必要である。酸素製造は空気を圧縮，精製，冷却して精留塔に導入し，液化精留分離を行って酸素を製造する。

１．３　自己熱改質法

自己熱改質法は水蒸気改質の大きな吸熱反応に，シェールガスの一部を燃焼して発生する燃焼熱を利用する，反応器上部のバーナーでシェールガスを一部燃焼し，その後の触媒床でニッケル系触媒を用いて改質反応を行う。

$$CH_4 + 2/3O_2 = 2H_2O + CO$$

$$CO + H_2O = H_2 + CO_2$$

上部のバーナー部分でカーボンの析出問題があるので，前段に低温反応の水蒸気改質を設置して，シェールガスの一部で水素に転化し，水素が存在するガスを自己熱改質法に供給することによりカーボンの生成を回避する方法がとられている。

自己熱改質法は水蒸気改質が大きな吸熱反応のため外部加熱が必要であるが，自己熱改質法は部分酸化による発熱があり断熱反応が可能であり，反応器構造が簡易となり設備費が廉価となる。

１．４　水素分離型改質

次世代の水素製造技術として図３の水素分離型改質がある。改質触媒層の中に水素だけを透過するパラジウム系合金薄膜を設置し，一段のプロセスで高純度水素を製造するもので，改質反応部と水素精製部が別々に構成される水素製造装置に対して，シンプル・コンパクト・高効率化が可能となる。改質反応などの化学反応には反応場の条件により，水素分離型の反応であり，水素を分離するため，化学平衡の制約を逃れて反応が促進される。そのため低温で高い反応率が達成できるなど緩やかな反応条件での運用が可能となる。

また，水素分離により反応生成物である二酸化炭素が濃縮されて排出されるため，二酸化炭素の回収が容易となる。使用される水素分離膜は，水素純度を維持しつつ実用的な水素透過性能を実現させることが要求される。

水素分離膜材料としてパラジウム合金を薄膜化することが有効であり，反

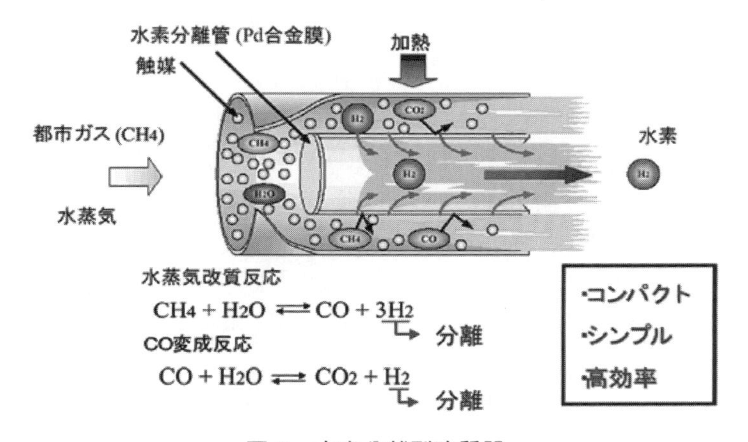

図３　水素分離型改質器
（引用：季報エネルギー総合工学，Vol28, No.2（2005））

応器に組み込むためには水素分離膜を自立させることが必要であり，機械的強度が低下するため，セラミックや金属などの多孔質材料や金属などの多孔質支持体と複合化して使用される。

1.5　低温プラズマ改質

エネルギー効率，反応選択性の低さから基礎研究の域を出ることが難しかった低温プラズマ改質での水素製造がある。非平衡プラズマに触媒を組み合わせることで相乗効果が出現し，400℃程度のプラズマ改質が実施できることで，新機能触媒や，高効率なプラズマ発生技術が開発されれば，より高度なプラズマ改質も可能となる。

2　工業プロセスの水素副生物

2.1　石油精製

石油精製においては，原料油中の硫黄，窒素，酸素および金属分などの不純物を除去するため水素化精製法や重質油の水素化脱硫法，ならびに重質油の分解技術として水素化分解法などの多量の水素を消費するプロセスが導入されてきた。これに伴って製油所での水素の消費量が急速に増大し，従来のような接触改質装置からの水素だけではまかないきれず，水素製造装置の設置が必要となった。

また，近年の石油製品需要の白油化や原油軽重価格差の増大，あるいは環境規制の強化に伴い，低廉かつ劣質な重質油を原料としながら天然ガス並みのクリーンな合成ガスの製造が可能なガス化プロセスが，水素製造装置として注目されている。

日本の製油所では図４のように，水素製造を目的としてオフガス，LP ガス

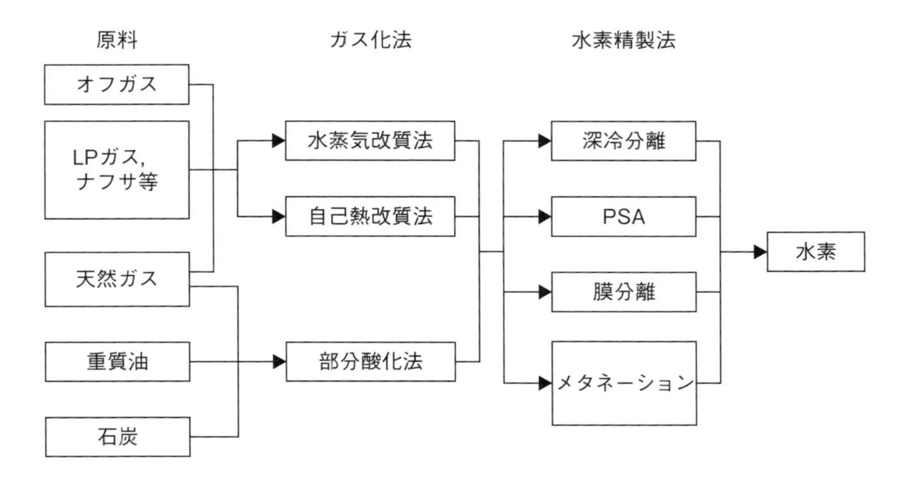

図４　製油所の水素製造工程
（引用：JX エネルギーの石油便覧）

およびナフサを分解する場合は水蒸気改質法が採用され，重質油を原料として合成ガスを得る場合には部分酸化法が用いられる。

オフガスLPガスおよびナフサには原油由来の水銀が含まれており，触媒毒となる水銀を除去して水素製造装置で水素を製造する必要がある。㈱IHテクノロジー水銀除去装置は石油精製プロセス（石油学会編集）に紹介されている装置で，国内の多くの石油会社，石油化学会社で既に20基が稼動している。2007年に公益社団法人石油学会の技術進歩賞を授与された。また，2010年にオマーン国立スルタン・カブース大学から功労賞を授与された。本水銀除去装置は石油製品，液化天然ガス，シェールガスおよびコンデンセート等から水銀を除去することが可能である。

開発した高性能水銀除去プロセスは，新規反応吸着剤による石油製品中の水銀の一段法高性能除去技術である（図5)。

新規活性炭水銀除去剤（以下IH-AC）は，特定の機能・性状を持つように製造された活性炭である。IH-ACは高表面積で，水銀分子吸着に適した細孔を多く有している。

無添着ではあるが，作用状態では原料由来の硫化アルカリ金属，硫化アル

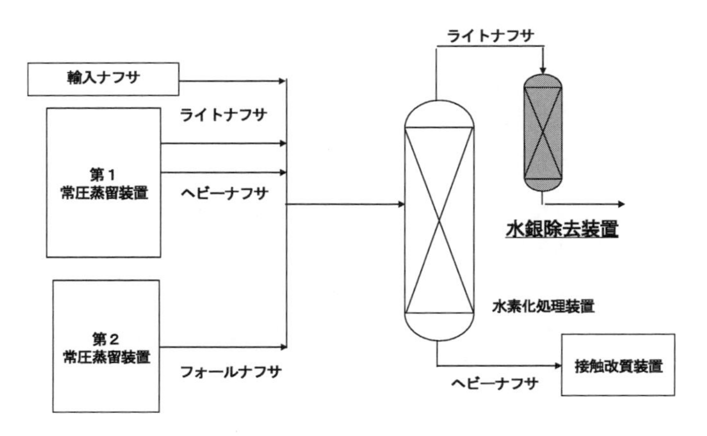

図5　IHテクノロジー法水銀除去装置

カリ土類金属および塩化物等が含まれて常温の触媒作用と吸着作用を併せ持つ高機能活性炭で，化学反応および化学結合ないし物理吸着で金属水銀，イオン水銀および有機水銀を同時に除去できる反応吸着剤である

IH-ACの反応・吸着機構は，初期反応・吸着と継続反応・吸着から成り立っていると考えられる。初期反応・吸着はIH-ACに存在する官能基および硫化物等の触媒作用で全ての形態の水銀がIH-AC表面に安定に保持される水銀化合物となり吸着される。この反応は特定の濃度の微量の水分の存在が不可欠であるので親疎水性の制御が重要となる。次いで，炭化水素中の硫化アルカリ金属，硫化アルカリ土類金属，および塩化鉄等がIH-AC表面に収着され，塩化鉄から水酸化鉄への変化と硫化アルカリ金属，硫化アルカリ土類金属との協奏作用において，その上で硫黄と全ての形態の水銀が反応して硫化水銀として順次吸着される。さらにその上に炭化水素中の硫化アルカリ金属，硫化アルカリ土類金属，および塩化鉄等が吸着され水銀の大量吸着へと帰結すると推測される。この課程でも微量の水分の存在が不可欠であるので微水系強イオン反応が起きていると考えている。

IH-ACは，無添着炭で，硫黄等の流出は皆無で，硬度が高く，IH-ACの自重による破壊が少なく，粒度が適度な大きさであることから，差圧の上昇は少ない。また，IH-ACに吸着された水銀は不可逆吸着であるので，使用済IH-ACの処理は従来技術で可能である。

2.2　アンモニア工業

水素と窒素とを反応させて，アンモニア製品，アンモニア系窒素肥料などを製造する産業である。20世紀の初め，ドイツのフリッツ・ハーバーとカール・ボッシュが高温，高圧のもとでアンモニアの合成に成功したことが起源である。鉄を主体とした触媒上で水素と窒素を400-600℃，200-1,000atmの超臨界流体状態で直接反応させ，

$$N_2 + 3H_2 \rightarrow 2NH_3$$

の反応によってアンモニアを生産する方法である。窒素を含む化合物を生産する際の最も基本となる過程であり，化学工業にとって極めて重要な手法である。

高純度アンモニアは，主に半導体・液晶 LED・太陽電池などの製造プロセスにおいて，窒化膜を生成する窒化源ガスとして利用される。

2.3　製鉄工業

石炭をコークス炉に投入して蒸し焼きにした時にコークス炉ガスが発生する（図 6）。原料炭 1 トン当たり 300 立方メートルのコークス炉ガスが発生す

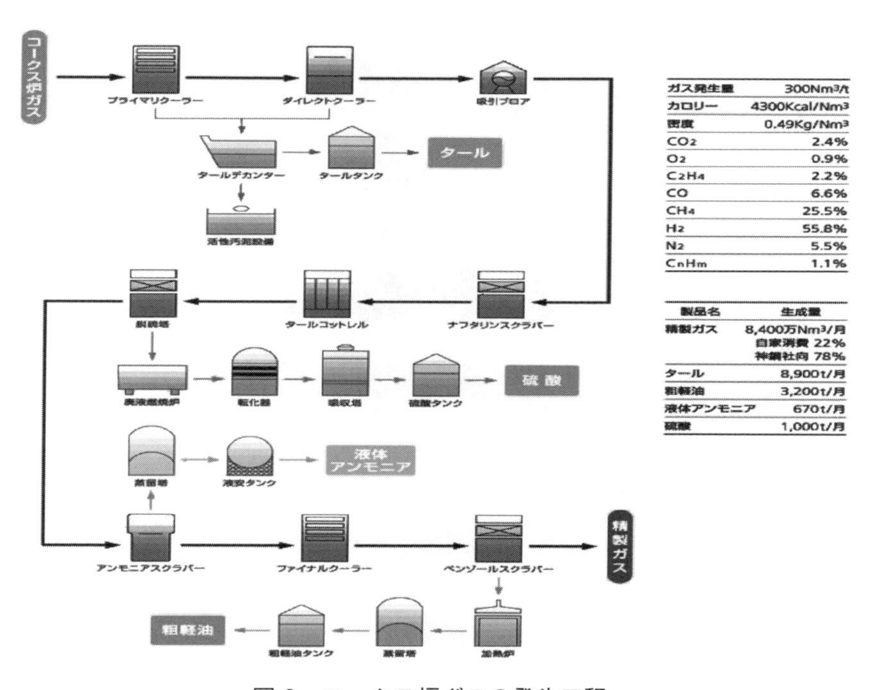

ガス発生量	300Nm³/t
カロリー	4300Kcal/Nm³
密度	0.49Kg/Nm³
CO_2	2.4%
O_2	0.9%
C_2H_4	2.2%
CO	6.6%
CH_4	25.5%
H_2	55.8%
N_2	5.5%
C_nH_m	1.1%

製品名	生成量
精製ガス	8,400万Nm³/月 自家消費 22% 神鋼社内 78%
タール	8,900t/月
粗軽油	3,200t/月
液体アンモニア	670t/月
硫酸	1,000t/月

図 6　コークス炉ガスの発生工程
（引用：関西熱化学㈱のホームページ）

る。ガスの組成はメタンと水素が中心で，製鉄所ではコークス炉ガスを主に製鉄，圧延，ボイラー用の燃料として自家消費している。

2.4　ソーダ工業

塩水を電気分解する電解法でか性ソーダと塩素と水素を製造する。電解法には，イオン交換膜法，隔膜法，水銀法があるが，わが国では平成11年以降，すべてイオン交換膜法になっている。

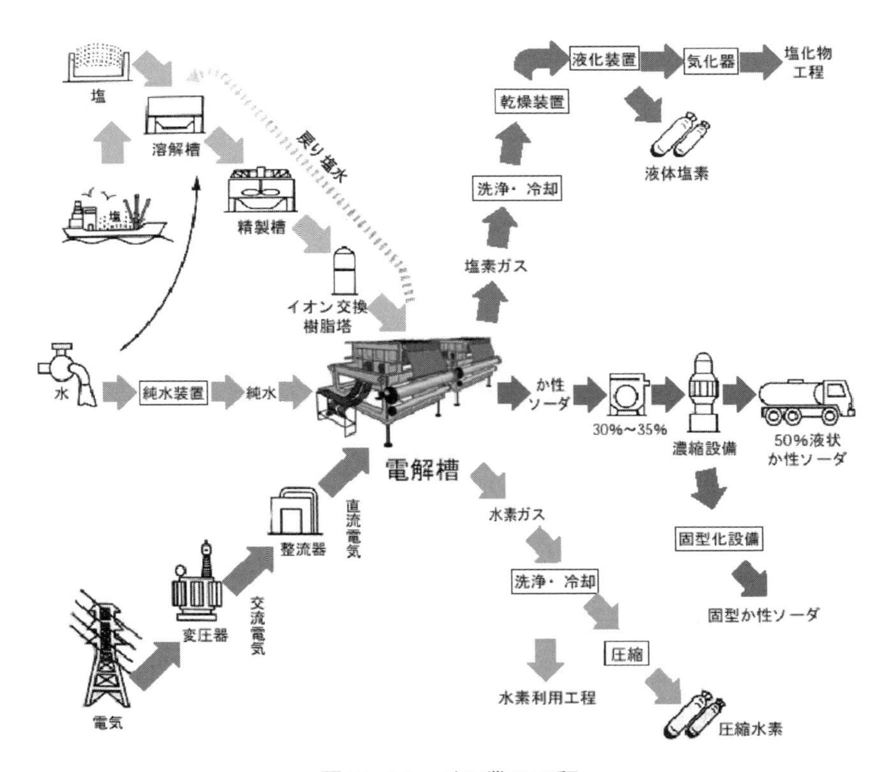

図７　ソーダ工業の工程
（引用：日本ソーダ工業会のホームページ）

図７のように，原料となる塩を溶解槽で飽和塩水とし，次に精製槽で不純物を除去し，さらにキレート樹脂塔で精製して電解槽に送る。工業用水を精製して純水として，電解槽に送る。

電解槽の陽極室に塩水，陰極室に純水（希薄か性ソーダ）を注入して，直流の電気を流して電気分解すると，陽極側より塩素ガスが発生し，陰極側よりか性ソーダ水溶液と水素ガスが発生し，これをセパレーターで分離すると，約30％濃度のか性ソーダになる。

発生した塩素ガスは，洗浄・冷却して塩分を除去し，脱水して製品の塩素ガスにする。また，液化して液体塩素にする場合もある。

水素ガスは洗浄・冷却して塩分を除去し，脱水して製品の水素ガスにする。また，圧縮して高圧水素にする場合もある。

3　新規開発プロセス

3.1　膜分離

膜の材質には大きく分けて高分子を用いた有機膜や，セラミックスに代表される無機材料を用いた無機膜の２種類がある。

(1)　有機膜

分離プロセスに広く使用されている膜で，酢酸セルロース，ポリイミド，ポリスルホンなど様々な材質のものがあり，人工透析等の医療用の膜から果汁濃縮やミネラルウォーターの除菌，食品製造プロセスなど，幅広い分野において使用されている。無機膜と比較して軽い為に取り扱いやすく一般的に安価であるが，使用できる温度範囲が狭く，薬品に弱いといった欠点もある。

(2)　無機膜

無機膜は有機膜に比べてシャープな孔径分布を有し，高温高圧においても使用可能で薬液洗浄への耐久性が高いという優れた特徴がある。アルミナやムライト，チタニアなどのセラミックス粒子をバインダー等と混合・成形したのち，高温で焼き固めることで高い比表面積を有する多孔質構造を形成できる。粗い粒子で管状などの形状を作製し，その上に細かい粒子を何層か形成することで，表面が緻密で支持層が多孔質の非対称なセラミック分離膜を作製することができる。

セラミックス多孔体作製技術を生かして，マイクロメータレベルの孔径を有する除塵用のフィルターから，数 nm の孔径を有する浄水用の UF 膜まで様々な孔径を有する膜製品が開発され，商品化されている。

これら膜製品に続く次世代の分離膜として，さらに孔径の小さいサブナノの孔径を有するゼオライト膜や燃料電池自動車用の水素ステーションへの適用が期待されるパラジウム膜等がある。

３．２　水の電気分解

太陽光発電や風力発電のような再生可能エネルギー発電は，日射や風の強弱により出力が変動する。これらの変動を吸収する手段として蓄電池が検討されており，一部の風力発電設備等に設置され実証試験が行われている。

蓄電池を利用する方法とは別の対策として，発電された電力により水の電気分解を行ない，水素を発生し，水素としてエネルギーを蓄え，輸送する技術の検討も行われている。

蓄電池では，設置スペース等により蓄電できる容量が限られるが，水素の場合は，水電解装置があれば，できた水素はタンクに貯蔵できるので，タンクから水素を別の場所に輸送すれば設置スペースの制約はなくなる。

ドイツなどでは，最近大規模な実証事業が行われているが，日本でも風力発電や太陽光発電と組み合わせた実証事業が開始されている。水素は燃料電池自動車の燃料として，直接利用することができる利点もある。

再生可能エネルギーの電力を使用して，水の電気電解で安価で多量の水素を発生させて，図８の水素社会のエネルギーを賄うことが究極の水素社会の絵姿である。

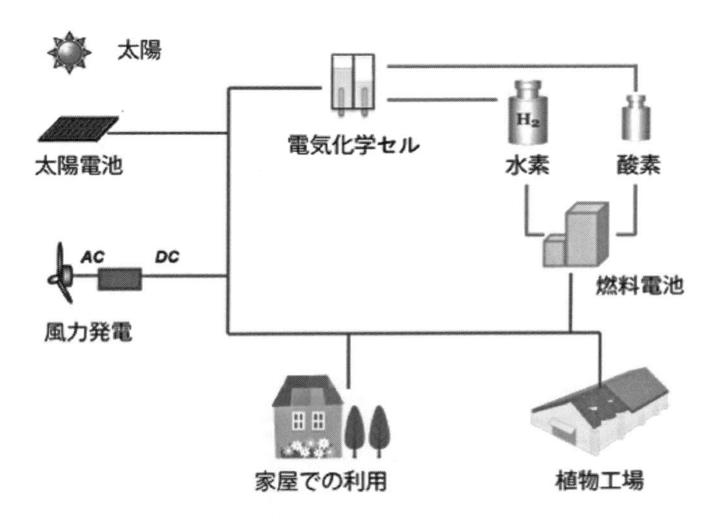

図８　再生可能エネルギーによる水の電気分解での水素発生工程

第４章　水素の原料

現状では水素の原料の主役は石油，天然ガスであるが，安価なシェールガスが多量に確保できることで，水素の原料が大きく変わることになる。

本章で水素の原料について述べる。

1　シェールガス

1.1　概要

シェールガスは頁岩層から採取される天然ガスで，従来のガス田ではない場所から生産されることから，非在来型天然ガス資源と呼ばれる。

過去，シェールガスは頁岩層に自然にできた割れ目から採取されていたが，2000年代に入ってから水圧破砕によって坑井に人工的に大きな割れ目をつくってガスを採取する技術が確立した。さらに坑井の表面積を最大にするための水平坑井掘削技術で3,000mの長さの横穴を掘ることが可能となった。これらの技術進歩の結果シェールガス生産量が飛躍的に増加した。

開発された水圧破砕とは，一つの坑井に多量の水（3,000～10,000m^3）が必要であり，水の確保が重要となる。また用いられる流体は水90.6%，砂9%，その他化学物質0.4%で構成されることから，流体による地表の水源や浅部の滞水層の汚染を防ぐため，坑排水処理が課題となる。実際に，アメリカ東海岸の採掘現場周辺の居住地では，蛇口に火を近づけると引火し炎が上がる，水への着色や悪臭が確認され，地下水の汚染による人体・環境への影響が懸念されている。

1.2　世界のシェールガスの現状

アメリカ合衆国では1990年代から新しい天然ガス資源として重要視されるようになった。また，図１のようにカナダ，ヨーロッパ，アジア，オーストラリアの潜在的シェールガス資源も注目され，2020年までに北米の天然ガス生産量のおよそ半分はシェールガスになると予想されている。また，シェールガス開発により世界のエネルギー供給量が大きく拡大するとも予想している。ライス大学ベーカー研究所の研究では，アメリカとカナダにおけるシェールガスの生産量の増加によってロシアとペルシャ湾岸諸国からヨーロッパ各国へのガス輸出価格が抑制される。2009年の米中シェールガス会議でアメリカのオバマ大統領は，シェールガス開発は二酸化炭素の排出量を減らすことができるとの見解を示した。

数年前から米国内でのシェールガス生産量が飛躍的に拡大し，この結果から北米地区を中心に天然ガス価格が大幅に低下するなど，世界的な天然ガスの需給に大きな影響を与えている。

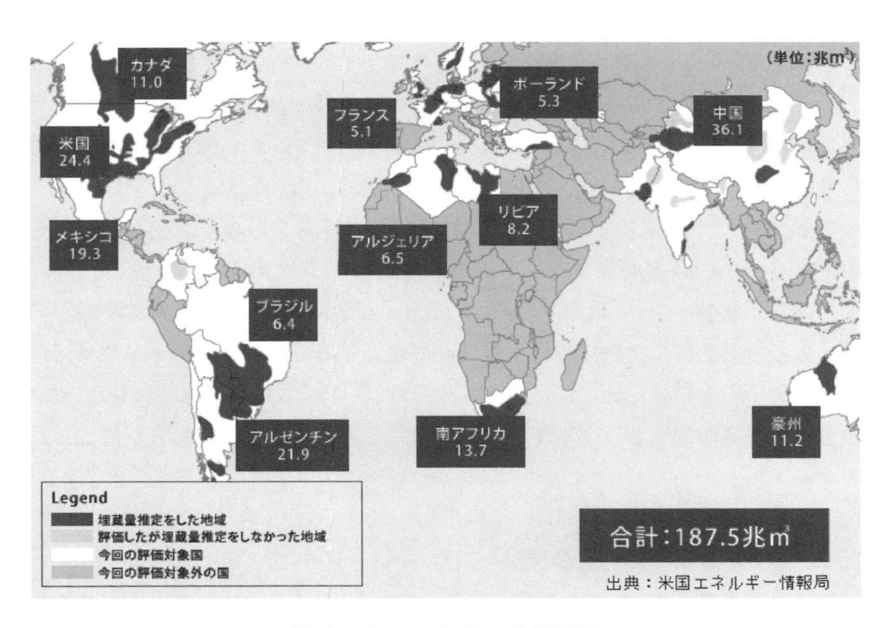

図１　シェールガスの埋蔵量

(1)　米国

米国の石油化学産業にとっても，天然ガス価格の低下により燃料・原料コストが下がり一気に価格競争力が改善されるなど，シェールガスの動向が今後の世界のエネルギー需給に与える影響は非常に大きいと考えられている。米国のシェールガス生産量は，2000年から2006年の間は年率平均17％の伸びであったが，2006年から2011年の間では年率平均48％と急激な伸びを示している。

この結果により天然ガス価格は，2005年12月に百万Btu当り15.78米ドルのピーク価格から，この6月には百万Btu当り4ドル台に下がっている。米国エネルギー情報局の「エネルギー概要 2011」によれば，シェールガスの生産拡大で2035年の天然ガス価格は2007年と同レベルと分析している。

(2)　カナダ

カナダの国立エネルギー委員会とブリティッシュ・コロンビア州のエネルギー鉱業省は，2011年5月にカナダのシェールガス堆積盆地の資源評価に関する最初の公開レポートを発表し，ブリティッシュ・コロンビア州北東部に位置するフォンリバー盆地に埋蔵しているシェールガスの市場向け推定埋蔵量が最小1兆7千億～最大2兆7千億 m^3 であると報告した。発見済みシェールガスが849億 m^3 で未発見シェールガスが2兆1,225億 m^3 となっており，エクソン・モービルなどの会社が既に事業に取り組んでいる。カナダは現時点では米国のように天然ガスの開発が進んでいないが，今後はそれらが重要なエネルギー資源となる可能性を秘めている。

1.3　シェールガスの将来

米国で急激に生産量を拡大してきたシェールガスであるが，急激な増産のために天然ガス価格は大幅に下落し，また増産ブームのために鉱区の土地賃借料の急激な上昇や生産井の建設コストの急激な上昇を招くなど，米国での事業の採算性は急激に悪化している。

資本力を持つメジャー各社が米国のシェールガス事業に本格参入したことから，中期的には秩序を持った生産へと移行していく可能性が高い。メジャー各社は，欧州や世界各地のシェールガス田の権益確保に積極的に動いている。天然ガス価格の高い国・地域でのシェールガス開発事業取り組みが今後加速する可能性が高いと考えられる。また，事業の拡大に伴い，水圧破砕技術の高度化による経済性の向上や環境対策が一層進展し，シェールガスがエネルギー資源として大きな役割を担っていくと考えられる。

米国では1990年代から新しい天然ガス資源として重要視されるようになり，カナダ，ヨーロッパ，アジア，オーストラリアのシェールガス資源も注目され，2020年までに北米の天然ガス生産量のおよそ半分はシェールガスになると予想している。さらにはシェールガス開発により世界のエネルギー供給量が大きく拡大すると予想されている

2　メタンハイドレート

2.1　概要

メタンハイドレートとは，メタンを中心にして周囲を水分子が囲んだ形になっている固形の物質である。メタンハイドレートは低温かつ高圧であるシベリアなどの永久凍土の地下100～1,000mおよび海底500～1,000mに存在する可能性があるが，ほとんどが海底に存在し，地上の永久凍土などにはそれほど多くない。メタンハイドレートを含有できる堆積物は海底では低温だが，地中深くなるにつれて地温が高くなるため，海底付近でしかメタンハイドレートは存在できない。圧力と温度の関係から同じ地温を成す大陸斜面であれば，深くなるほどメタンハイドレートの含有層は厚くなる。これらの場所では，大量の有機物を含んだ堆積物が低温・高圧の状態に置かれ結晶化している。

しかしながら，これらを取り出す採掘技術が開発段階であり，今後，ニューエネルギーとして期待されているが，埋蔵地域は日本周辺とメキシコの太平洋岸であり，世界的にみてメタンハイドレートの回収の開発を積極的に行ってい

る感じはしない。

2.2　世界のメタンハイドレートの現状

1974年，カナダのマッケンジー・デルタで，天然のメタンハイドレートが浅い砂質層に埋蔵されている事が発見された。1996年，アメリカ合衆国内の海底において発見され，具体的研究が進められる。2002年，日本・カナダ・アメリカ・ドイツ・インドの国際共同研究として，カナダのマッケンジー・デルタ5L-38号井において，世界で初めて地下のメタンハイドレート層から地上へのメタンガス回収に成功した。しかしながら，世界的にはメタンハイドレートへの興味は薄い。

2.3　日本のメタンハイドレートの現状

世界的にみて，2008年では日本近海は世界有数のメタンハイドレート埋蔵量を誇っている。図2のように，本州，四国，九州といった西日本地方の南側の南海トラフに最大の推定埋蔵域があり，北海道周辺と新潟県沖，南西諸島沖にも存在する。また，日本海側にも存在していることが判明している。

日本のメタンハイドレートの資源量は，1996年の時点で確認されているだけで，日本で消費される天然ガスの約96年分の7.35兆m^3以上と推計されている。もし将来，石油や天然ガスが枯渇するか異常に価格が高騰し，海底のメタンハイドレートが低コストで採掘が可能となれば，日本は自国で消費するエネルギー量を賄える自主資源の持つ国になる。尖閣諸島近海の海底にあるとされている天然ガスなどを含めると日本は世界有数のエネルギー資源大国になれる可能性がある。

メタンハイドレートは潜水士が作業できない深い海底に氷のような結晶の形で存在する。そのままでは流動性が無いので，石油やガスのように穴を掘っても自噴せず，石炭のように掘り出そうとしてもガスの含有量が少なく費用対効果の点で現実的ではない。ハイドレートを含む地層を暖めると温度の上昇や圧力の低下でメタンがガスとなって漏れ出してくるが，温度や圧力が下降する

図２　メタンハイドレートの日本近郊の鉱区
（引用：JOGMEC のホームページ）

と再びメタンガスは水分子に取り込まれて結晶化する。メタンハイドレートのこれらの現象によって，低コストでかつ大量に採取することは技術的に課題が多い。

一方でメタンハイドレートの構造については 2011 年に愛媛大学大学院理工学研究科のグループの平山寿子氏はメタンおよび水素ハイドレートの低温～高温高圧下での物性変化の研究を発表している。水素やメタンやメタンハイドレートを低温高圧から高温高圧の条件下におき，メタンハイドレートの相変化や物性変化を実験的に明らかにしている。メタンハイドレートの研究は資源開発を目的とするものが多く，１万気圧以上の高圧物性を調べる基礎研究はほとんど未開拓であった。ガスハイドレート研究にダイヤモンドアンビルセルという高圧発生装置を導入し，メタンハイドレートの 1GPa 以上の挙動を世界で初めて報告した。その後，メタンハイドレートの高圧相変化や物性を明らかにしてきた。

本研究はこれまで蓄積した知見をふまえ，温度圧力領域を広げハイドレートの高圧物性を明らかにし採掘への貴重な足がかりを見出している。

2.4 メタンハイドレートの将来

メタンハイドレート資源からの天然ガス生産に向けた研究開発が世界的に開始され，米国，インド，中国，韓国などで盛んに取り組まれ始められている。日本でも，経済産業省が2001年7月に「我が国におけるメタンハイドレート開発計画」を発表し，「メタンハイドレート資源開発研究コンソーシアム」を設立した。

メタンハイドレート資源からの天然ガス生産においては，メタンハイドレートが分解すると地層の特性が変化したり，周りの地層から熱を吸収するなどの在来の石油・天然ガス生産にはない特徴があるため，地層の物性や分解挙動を把握しながら取り組む必要がある。現時点では，減圧法と呼ぶ生産手法が日本周辺のメタンハイドレート資源に対する生産手法として適していると試算されており，実証試験を通して，生産性，生産挙動についてその信頼性を検証する必要がある。世界的なエネルギーの天然ガスシフトの中，わが国周辺海域のメタンハイドレート資源を将来のエネルギーとするためには，技術的可能性と経済性の両面からのアプローチが必要であることは言うまでもないが，環境に対する影響評価を含め安定・確実に生産する技術を確立することが重要である。

3 石油

3.1 概要

2011年の世界のエネルギーにおける石油の比率は40%で，エネルギーにおいては，21世紀前半は石油が主役であることに変わりはない。

その歴史は19世紀に遡り，日本では遥か江戸時代の安政6年の1859年アメリカのペンシルベニア州タイタスビルでドレイク大佐が石油の機械掘りに成功した時に始まる。

筆者がペンシルバニア州立大学の宋春山教授の授業に出席した時に，「本来，ドレイク大佐は軍人ではなく，彼が対外的に権威を持たせるために使用した敬称である」との話しを耳にした。今でもペンシルバニア州では，彼が井戸掘りに成功した時の逸話が語り継がれている。宋教授は大阪大学の野村正勝教授のもとで博士号を取得されて現在は米国で活躍されている石油分野の研究の第一人者である。

ドレイク大佐は石油井戸掘りをするため，多額の借金をしており，その返済に窮していた。そのため，タイタスビルの井戸が最後の採掘であった。この井戸で石油を掘り当て借金は返済できたが，その後，酒に溺れて，彼の人生は不遇であったとの話がある。

今，この井戸跡は博物館になってはいるが，現在でも樹木に覆われて，人里から遠く離れた山の中にある。最も近い町の名前はオイルタウンといい，石油の発祥地を記念した名前が残っている。彼が井戸掘りに成功して以後，原油の多量生産が可能となり，この技術を利用して世界中で原油が生産され始め，アゼルバイジャン共和国のバクー油田は1930年代には世界の石油産出量の90%を占めていた。

なお，原油特有の単位であるバーレルとは，昔，石油の輸送に用いたひと樽の容量である159Lに由来している。

3.２　世界の石油の現状

世界の原油埋蔵量は約1.3兆バーレルで，その埋蔵分布は中東が55%であり，世界の可採年数は約50年である。可採年数が約50年というのは，巷で言われているように40年で石油が無くなることではなく，あと100年は十分に可採年数があると思われる。国別の可採年数は北米で10年，欧州で8年，旧ソ連で22年，中東は83年と中東が飛びぬけて年数が長いことが判る。

可採年数は少なくとも50年ほど昔からほぼ40年で推移している。堀削，回収などの技術の進歩で，既存の油井から原油を回収できることが可能となり，さらには，油田探査の技術が進歩し，アフリカ，南アメリカ，旧ソ連および洋上で新規の油田の発見があるためである。

世界の石油消費量は，1986年の原油価格急落を受けて増加し，1990年まで毎年2～3%程度増加した。その後，横ばいで推移したが，1994～1999年は前年と比較すると1.7%の伸びであたった。

一方，世界の石油供給の状況をみると，2009年で70百万バーレルで，内訳は，中東諸国が18.6百万バーレル（25.7%），北米が8百万バーレル（11.2%）・欧州が3百万バーレル（4.7%），である。

石油貿易量では，中東諸国が石油の主役を演じ，中東諸国の中ではサウジアラビアの勢力が浮かび上がる。

原油価格は1973年10月の第4次中東戦争により，石油輸出国機構（OPEC）が主導権を握り，原油価格を大幅に引き上げた。OPECは，1960年にサウジアラビア，イラク，イラン，クウェート，ベネズエラ等で構成された原油輸出に関する組織である。原油価格の高騰は，石油消費を大幅に減少させ，OPECの市場支配力が著しく低下し，1983年には原油価格の引き下げを行なわざるを得なくなった。

これにより1986年には原油価格は一時的に10ドル／バーレルを割り込むまでに暴落した。1988年以降，標準原油価格の動きに期間契約価格を連動させる方式が主流となった。最近はOPECの生産調整が効果を発揮し，WTI原油は図3のように1997年には約25ドル／バーレルであったが，1999年に約10ドル／バーレルまで降下し，2002年には約18ドル／バーレルで上昇している。その後，毎年高騰し，2008年には133ドル／バーレルの歴史上の最高値を付けた。

2008年9月には150年以上の歴史を持つ米国第4位の証券会社リーマンブラザーズが経営破綻し，米国発の不動産バブルの崩壊が急速に世界的な金融不安，そして「百年に一度」とされる世界同時不況に発展した。世界経済の減速により，油価高騰で既にブレーキがかかりつつあった石油需要は急速に鈍化した。そして，金融収縮によって石油市場に流入していた巨額の投機資金が一斉

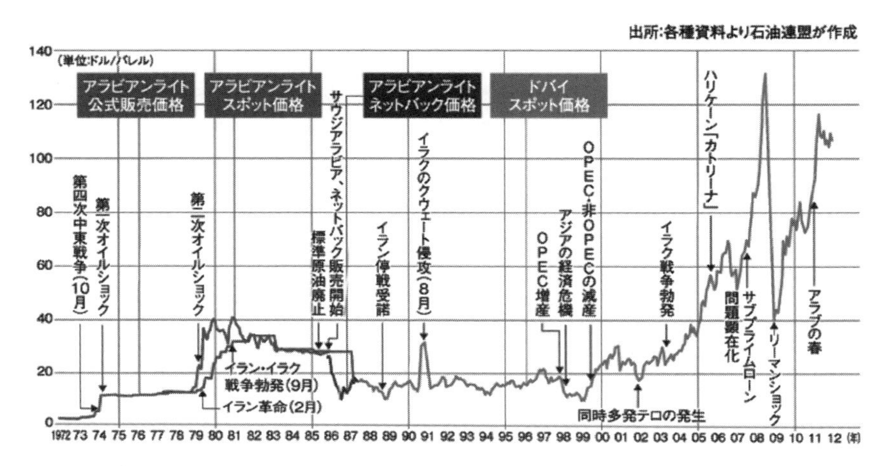

図３　原油価格の推移
（引用：石油連盟のホームページ）

に引き上げられ，2008年6月に133ドル／バーレルを突破した原油価格は，わずか5ヶ月後の12月には39ドル／バーレルまで急落した。

しかし，これに危機感を抱いたOPECが大幅な協調減産に踏み切ったことと，先進国の経済回復は遅々として進まなかったものの，中国をはじめとする新興国が堅調な経済発展を示したことによって，2011年に原油価格は再び100ドル／バーレルの高値圏に回復したが，2015年では45ドル／バーレルで推移している。

(1)　サウジアラビア

首都はリヤドでサウード家を国王に戴く絶対君主制国家である。

世界一の原油埋蔵量を誇る国で，日本をはじめ世界中に多く輸出している。1938年3月に油田が発見されるまでは貧しい国であったが，1946年から本格的に始まり，1949年に採油活動が全面操業した。石油はサウジアラビアに経済的繁栄をもたらしただけでなく，国際社会における大きな影響力も与えた。

アラビア半島の大部分を占め，紅海，ペルシア湾に面し，中東地域においては最大級の面積を誇る。北はクウェート，イラク，ヨルダン，南はイエメン，オマーン，アラブ首長国連邦，カタールと国境を接する。国土の大部分は砂漠で，北部にネフド砂漠，南部に広さ25万km²のルブアルハリ砂漠がある。砂漠気候で夏は平均45℃，春と秋は29℃で冬は零下になることもある。

(2)　クウェート

1930年代初頭，天然真珠の交易が最大の産業で主要な外貨収入源であったクウェートは，日本の御木本幸吉が真珠の人工養殖技術開発に成功したことで深刻な経済危機下にあった。クウェート政府は，新しい収入源を探すため石油利権をアメリカのガルフ石油とイギリスのアングロ・ペルシャ石油に採掘の権利を付与した。クウェート石油は1938年に，ブルガン油田となる巨大油田を掘り当てた。世界第二位の油田であるブルガン油田は1946年より生産を開始し，これ以降は石油産業が主要な産業となり，世界第4位の埋蔵量である。

現在一人当たりの国民総生産額は世界有数で原油価格の高騰による豊富なオイルマネーによって，産業基盤の整備や福祉・教育制度の充実を図っており，ほとんどの国民は国家公務員・国営企業の社員として働いている。石油収入を利用した金融立国や産業の多角化を目指して外国からの投融資環境を整備したため莫大な雇用が創出され，不足している労働力は周辺外国人が補っている。

国土のほぼ全てが砂漠気候であり，山地，丘陵はなく平地である。夏季の4～10月は厳しい暑さとなり，さらにほとんど降水も無いため，焼け付くような天気と猛烈な砂嵐が続くが，冬季の12月から3月は気温も下がり快適な気候となるため，避寒地として有名である。

(3)　オマーン

2010年のオマーンの原油生産は約4,500万トンで，輸出額の78%を占めており，さらには天然ガスも産出する。オアシスを中心に国土の0.3%が農地となっている。悪条件にもかかわらず，人口の9%が農業に従事している。主な農産物は，ナツメヤシは年間で世界シェア8位の25万トン，ジャガイモは1.3万トンの生産がある。

オマーン国は絶対君主制国家で首都はマスカット，アラビア半島の東南端に位置し，アラビア海に面する。北西にアラブ首長国連邦，西にサウジアラビア，南西にイエメンと隣接する。ホルムズ海峡は，ペルシア湾とオマーン湾の間にある海峡である。北にイラン，南にオマーンの飛び地に挟まれている。最も狭いところでの幅は約33kmである。ペルシア湾沿岸諸国で産出する石油の重要な搬出路であり，毎日1,700万バーレルの原油をタンカーで運び，その内，80%は日本に向かうタンカーで，年間3,400隻がこの海峡を通過する。

現在，日本のソマリア沖海賊の対処活動は，ソマリア沖やアデン湾で活動するソマリア沖の海賊の海賊行為から，付近を航行する船舶を護衛する目的で行われている。海上自衛隊を中心とした自衛隊海外派遣の基地としてオマーンの港が使用されている。

2011月11月3日の文化の日にオマーンのルムヒ石油・ガス大臣に旭日大綬章が授与された。旭日大綬章は，1875年，「賞牌従軍牌ヲ定ム」（明治8年太政官布告第54号，現件名・勲章制定ノ件。）により制定された。これが現在の旭日章の基になったもので，明治政府が制定した最初の勲章で，最も権威のある勲章である。日本とオマーンの経済関係の発展，特に我が国へのエネルギーへの安定供給に尽力した功績が高く評価されてのことである。

ルムヒ石油・ガス大臣は10年以上にわたって閣僚としてオマーンのエネルギー政策の舵取りをし，大臣に就任する以前のスルタン・カブス大学時代から一貫してエネルギー分野の仕事に関わってきている。ルムヒ大臣の貢献もあって，オマーンは日本への原油，天然ガスの安定供給を長年にわたって行っている。

オマーンが輸出する原油，天然ガスの約10%を日本が購入しており，日本の企業関係者の間では，オマーンは日本が困った時に頼りになる相手であるとの評判が定着している。原油はこれまで内陸地で採掘されてきたが，ルムヒ大臣は海上開発にも乗り出して，海岸沿いに3つの鉱区を設定して外国企業の誘致を積極的に行っている。ルムヒ大臣がカブース国王から託された国家歳入の主要財源を担う石油ガス政策の舵取りをしっかりと受け止め，オマーンのさらなる発展のために優れた手腕を発揮した証が本勲章授与に繋がったものである。

2011年9月に，森元大使は離任を前にカブース国王陛下に拝謁し，和やかな雰囲気の中，二国間関係や地域情勢など幅広く意見交換が行われた。その際，大使が在任中に二国間関係において果たした顕著な功績により，カブース国王から勲一等ヌウマーン勲章を親授された。この勲章は1840年に当時のサイード国王によって初のアラブ使節として米国ヴァン・ビューレン大統領の下に派遣されたアハメド・ビン・アル・ヌウマーン・アル・カービの名前に由来するもので権威ある勲章である。

3.3 日本の石油の現状

新潟と北海道で少量の石油の生産はあるが98%は輸入である。石油業界にとって，緊要な課題となっている過剰設備処理の推進は2009年8月施行の「エネルギー供給構造高度化法」に基づき実施されることとなった。2010年7月，石油会社に対し，重質留分の分解装置の装備率を引上げる新基準が公表されたので，石油各社は常圧蒸留装置の削減を選択する可能性が高く，実質的には国内の精製能力削減につながるといわれている。石油各社の削減計画に関する報道によると，JXグループが発足前から表明していた生産能力の日量40万バーレルの削減を2011年に完了した。出光興産は2014年までに12万バーレルの削減を表明しており，昭和シェル石油は2012年に川崎製油所12万バーレルを削減した。現状の国内の需給ギャップの拡大が，過当競争要因のひとつとなっている石油流通段階において，各社が精製設備の能力削減に本格的に取り組むことは，石油の市場正常化にプラスに働くとみられる。

一方，国内の石油の需要は，2009年の国内石油販売実績で，前年比でみると燃料油合計が6.9%減で，灯油，軽油は5%前後の減販となった。ガソリンのピークは2004年度，灯油は2002年度，軽油は1996年度，燃料油は1999年度でそれ以降増減を繰り返しながら，2006年度に全油種マイナスとなり成熟業界との色彩が濃くなっている。ピーク時と比較してみると，ガソリンは5年間で6%減，灯油は7年間で34%減，軽油は13年間で29%減，燃料油は10年間で21%減となっている。

ガソリンスタンド数は1994年の6万421ヶ所をピークに2008年度は4万2,000ヶ所，14年間で1万8,331ヶ所削減で30%強も減少している。ガソリン販売量ピーク時の2004年度4万8,672カ所と比べると，6,582ヶ所の減少で年間1,645ヶ所ずつ減少した。2004〜2009年のガソリン減販率は6.4%だが，ガソリンスタンド数の減少率は20%前後となり需要減を上回る小売拠点が姿を消していることになる。

石油販売はこれまでの給油所事業に加え，規制緩和の進展とともに，2020年度に向けた石油販売の将来像として次世代自動車や家庭用・業務用エネルギーの供給をどのように担っていくかが課題となっている。2009年度の「給油所経営・構造改善等実態調査報告書」によると，「今後の経営方針」について「経営構造改善に積極的に取り組む」が約30%，「現状の経営を維持する」が約50%，「廃業する」が約20%であった。

(1) 「積極的経営改善」

給油事業の経営高度化に向けた新たな設備投資を行い，整備・鈑金などを積極的に取り組むとともに，中古車販売やレンタカーなどトータルカーケアとして自動車関連油外事業に取り組む。次世代自動車関連事業についてはハイブリッド自動車の整備，点検を通じてスキルアップを図り，電気自動車の普及後もカーメンテナンス事業，洗車に活路を見出す。また，地域特性を生かして太陽光発電や家庭用燃料電池システムなど家庭用エネルギー事業にも取り組む。

(2) 「現状の経営維持」

今後の事業について，油外商品販売のうち洗車のコーティング，手洗いの高品質化を図り，顧客ニーズに応えるとともに，洗車の優良顧客を確保し，自動車関連用品販売の販促につなげる。なお，地域特性を生かして，洗車，タイヤ販売等の特定分野での専門化を指向する。

(3)「廃業」

給油事業の将来性は厳しく，今後の環境対策，ニューエネルギーへの投資を予想すると魅力の少ない事業であり，廃業が最適の選択肢と考える。

3.4　石油の将来

原油を精製してガソリン，ナフサ，ジェット燃料，灯油，軽油，重油などとして利用するが，その割合は国によってかなり異なっている。自動車使用の多いアメリカではガソリンの比率が高く，ドイツでは軽油やジェット燃料の比率が高い。日本では，アメリカ，ドイツに比べて重油の比率が高い。これは，アメリカとドイツでは，国内での自動車用消費比率が半分以上と圧倒的に高いのに対して，日本では化学用原料，鉱工業といった産業用と電力用の比率が比較的高いためである。

石油の消費パターンは，産業構造，ライフスタイルなどの変化でしだいにガソリン，灯油，軽油などの軽質油の消費が増加し，重油の割合は急減している。原油から精製して得られる軽質／中間／重質の留分は原油産地にも依存するが，かなりの割合で重油留分が出てくる。今後，ますます原油の重質傾向が強まると，需給のアンバランスが顕著になる。現在でも，重質油の分解で軽質油化をはかっているが，コスト高になっている。石油資源の有効利用という観点で，将来的にこの需給アンバランスの問題を枯渇の問題と共に真剣に考える必要がある。

1990年代前半の革新技術の普及による埋蔵量の増加，回収率のアップが大きく紹介され，在来型の石油資源，天然ガス資源の究極可採埋蔵量の数字が大幅に上方修正された。1973年の第1次石油危機では石油資源は残り30年と予想されたが，60年後の2030年でも石油は石炭や天然ガスとともにエネルギー供給の主流に残るという見方に変わった。

短期的な変動は別として，2030年まで原油価格の平均水準は実質１バーレル20～25ドルの横這いと見られている。2002年後半から2003年前半にかけて，国際エネルギー機関，米国エネルギー省，欧州委員会が2025年あるいは2030年までの長期エネルギー需給見通しを相次いで発表した。大きな特徴は，2030年頃まで化石燃料が大半のエネルギー供給を占め，穏やかな天然ガスシフトを示すものの石油，石炭のシェアにドラスティックな変化がないとの結論である。

これに対して，その先2060年までの30年間は，在来型の石油は資源問題にぶつかり，原油価格の上昇も予想され，石油は輸送用および石化用の原料として増量すると見られている。

４　天然ガス

4.1　概要

天然ガスはメタンで化学式は単純なCH_4で，石炭や石油の燃焼と比較すると，燃焼時の二酸化炭素，窒素酸化物，硫黄酸化物の排出が少ない，すなわち環境に優しいエネルギーである。この様な特性のため，地球温暖化防止対策等の環境問題を解決できるエネルギーとして注目され，クリーンエネルギーと位置付けられている。天然ガスの主な用途は火力発電で燃料と家庭用，事業所用の燃料である。また，天然ガスは一般的には気体の天然（NG）であるが，液体の天然ガス（LNG）もある。

4.2　世界の天然ガスの現状

全世界の天然ガス資源埋蔵量は図４のように，2011年では208兆m^3で，可採年数は64年である。天然ガス埋蔵量は，中東が38%，ロシア・東欧が21%，アフリカ7%となっている。天然ガスは国際間の取引が少なく，生産地域での取引が主体のエネルギー資源であるが，最近はエネルギーの多様化のた

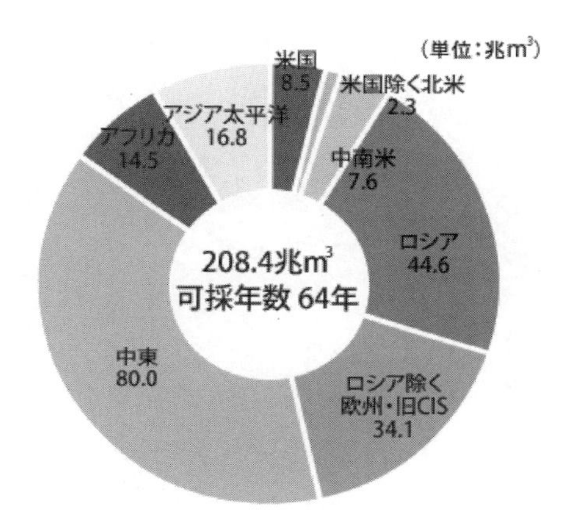

図４　天然ガスの埋蔵量
（引用：BP Statistical Review of World Energy 2011）

め，流通範囲は拡大しつつある。全世界における天然ガスの輸入量のうちアジアの占める比率は75%となっている。イギリス，ドイツ，フランス，イタリア等の欧州諸国では天然ガスの市場が確実に拡大し，ガス市場開放に向けて大きく歩み出し，地域内のガス市場は自由化されている。

欧州では天然ガスのパイプラインが網の目のように張り巡らされている。ノルウェー領北海のトロール・ガス田とフランスのダンケルクを結ぶノルフラ・パイプラインとイギリスのバクトンとベルギーのジーブルージュを結ぶインターコネクター・パイプライン等が敷設されている。この他にもロシア，ノルウェーのガス供給国と北欧諸国を結ぶパイプラインも整備されている。

アメリカの天然ガスの埋蔵量は全世界の数パーセントに過ぎないが，世界最大の天然ガス消費国であり，その消費量は世界全体の30%近くにも達している。北米のガス業界では企業経営の強化のため，再編成が相次いで行われており，カナダではガス輸送会社やガス田の開発・生産会社の合併や買収が相次でいる。

マレーシア，インドネシア，オーストラリア等での天然ガス開発は日本，韓国，台湾向けを主体に供給され，1970年代前半にブルネイ・プロジェクトが開発されてから，インドネシア，マレーシアで次々とプロジェクトが立ち上がってきた。

世界的に見ても，天然ガスの輸出を主体に天然ガスが開発されている地域は東南アジアのこの地域と西豪州だけである。すでにインドネシアでは，アルンのプラントに原料ガスを供給してきたガス田が枯渇化に向かっているため，代替となるプロジェクトの開発が検討されている。

天然ガスは環境適合面では二酸化炭素等の排出量が化石燃料の中で比較的少なく，資源の分布状況についても，中東に多いものの他地域にも分散しており石油と比較して地域的な偏在性は低い。パイプラインガスは，一般に気候が寒冷で天然ガスが家庭でも多く使用されるなどガス需要の多い欧米で主に発達しており，世界の天然ガス貿易の主流となってはいるが，需要の増大や供給源の多様化を背景にLNGの天然ガス貿易に果たす役割が増大してきている。輸出国・輸入国数の増大・多様化などLNGを中心に天然ガス貿易が量ばかりでなく貿易地域でも広がりを見せている。

これまで世界の天然ガスをリードしてきたのは日本であり，現在でも世界最大の輸入国である。しかしそのシェアは縮小傾向にあり，世界的な天然ガス市場における日本の存在が徐々に低下していくことが懸念されている。中国，インドが天然ガスの輸入を開始し，北米も含めたアジア・太平洋市場における天然ガスの需要が増加傾向を示し，世界的にエネルギー市場の自由化も志向される。

(1)　カタール

カタールは1996年に同国北部沖合に位置する世界最大規模のノースフィールド・ガス田で天然ガスの生産を開始した。2010年11月にカタールガス３プロジェクトのトレイン６基，生産能力780万トン／年が天然ガスの出荷を開始したほか，カタールガス４プロジェクトのトレイン７基，生産能力780万トン／年も12月中に生産を開始し，既存のトレイン５基，生産能力780万トン／

年で世界最大の天然ガスの生産国で輸出国となっている。天然ガスの埋蔵量は800兆立方フィートで，産出量は2001年に766m^{3}で世界シェアの1.2%を占める。

四国電力㈱が，首都ドーハの北80kmに位置するラスラファン工業地区において，出力273万kWの発電設備で日量29万トンの造水設備を有し，25年間の発電事業を展開している。プラント設備は，2011年4月に運転を開始し，電力，水をカタール電力・水公社に販売している。本プロジェクトは，三井物産㈱とスエズ・トラクタベル社（ベルギー）が事業権を獲得後，カタール側出資者とともに事業会社を設立し，事業を推進している。四国電力㈱は出資比率の5%，中部電力は出資比率の5%を取得し事業に参画している。

カタールは，中東・西アジアの国家。首都はドーハ。アラビア半島東部のカタール半島のほぼ全域を領土とする半島の国でアラビア湾に面し，南はサウジアラビアと接し，北西はペルシャ湾を挟んでバーレーンに面する。

また，カタールはGas to Liquid（GTL）のメッカである。GTL装置の運営会社は2003年1月に設立されたオリックス社である。出資比率はカタール石油が51%，サソール合成燃料社が49%で，カタール石油が経営権を持って会社経営を意欲的に行っている。最も気になるオリックス社のGTLの経済性は原油換算で20USD/Bとの話があった。原油価格が110USD/Bに高騰した時，また，GTL製品は環境負荷低減燃料と評価されていることでGTL事業への自信がみなぎっていた。

この原油価格状態が継続すれば数年で設備償却が完了し，経済性の高いGTL装置として世界に君臨すると思われる。オリックス社の魅力ある経営状態が世界に伝播されれば，多くの国のGTL事業への発意に影響を当たることは容易に想像できる。

一方，著者らが経済産業省の協力を得て日本の国家プロジェクトとして2001年より前に試算したGTLの経済性が原油換算で25USD/Bであり，前提条件が少し異なるが，ほぼ近い値に落ち着いたことを追記しておく。

オリックス社が稼動させている装置のオリックス1の近傍ではオリックス

ⅱ，パール GTL（シェル社 100% 出資）が建設中である。オリックス社としては，今後の GTL 事業については，①現有ガス埋蔵量の適切な維持，② GTL 装置建設の企業が限定，③液化天然ガス事業と GTL 事業の経済的優位性等を吟味しながら判断していくとの見解であった。カタール国としては闇雲に GTL 事業を猛進するのではなく，経済性に機軸をおき，将来の柱として GTL 事業を育てていくとの強い意志を感じた。

オリックス社の立地場所はドーハ国際空港から北に約 80km のラスラファン工業団地に設置され，工業団地までは高速道路が整備されおり，車で約 2 時間の距離である。蛇足であるが，ドーハはわが国にとっては，「ドーハの悲劇」としてサッカー史の記憶に残る地名である。市街地を通過すると，高速道路の両側は一面の小石と砂の砂漠で，工場までの道中は工事関連の運送車と頻繁に出会うので，大規模工事の真最中を実感できる。

オリックス社までの中間地の 40km あたりで左遠方に幽かに米軍基地が見える。湾岸諸国のなかでは，カタール国，サウジアラビア国の 2ヶ国だけが米軍隊の駐留や領空の通過権も認めており，日本も駐在武官を滞在させているとの話であった。もし，米国がイラク国を攻撃すれば，イラク国からの最初に発射されるミサイルの標的はカタール国の首都ドーハとのことであり，まさに，中東の緊張を垣間見た瞬間であった。

工場団地の入口で，守衛の検問があったが，この検問は手を上げることで簡単に通過できた。オリックス社の正門では，出発前に入門手続きが完了しているため，パスポートと事前申請書との照合で入門許可となった。事務所は正門左側で，門から 30m 程度離れた場所に 2 階建ての白色の建物であり，その 2 階で会議は行われた。工場の回りの樹木が目に入るが，これらは海水淡水化装置の貴重な水で育っていることは言うまでもないことである。

GTL 装置の事務所の壁には，王子および国王の来社の写真が壁に掲げられており，国の威信をかけての熱き思いが伝わる。また，社是として①目標の達成，②積極的に新規開発に取組む，③誠実・透明性・正直を遵守，④社内外の友好関係を尊重，⑤意欲的に業務に取組む，⑥情報交換を活発に，⑦他部署との親密な連携，⑧社員を大切に，⑨仲間意識の向上が掲げられている。

装置建設は，イタリアのトッチェニ社と2003年3月に675百万ドルでEPC契約（設計，調達，建設）を締結したが，最終的には725百万となった。設計は英国のフォスタ・ウイラー社の担当であった。完工までの延べ業務時間は約30百万時間，総従業員数は約6千人，工事に使用されたセメントは約5万m^3，鋼材は約4千t，配管は約25千t，装置の基本部品数は約570個，電気配線は約800kmに及んだ。昼夜を問わずの工事ではあったが，整然とした管理のもとで無事故，無災害を達成し，また，工事全般の資金管理もすべて順調と胸を張って説明していた。

この事業の投資集団はスコットランド銀行が幹事で，これに世界から14の銀行が参加した投資団で構成され，当初の投資額は725百万ドルで，最終的には950百万ドルとなった。今後，17,000B/D規模のGTL装置の投資額の目安としては800百万～1,000百万ドルとの感触を得た。

GTL装置は2006年6月の稼動を予定していたが，少し遅れて2006年9月の稼動となった。その後，試運転中にスーパーヒータの破損等があったが，2007年1月から製品の製造が開始され，4月29日午前5時にカサリニュ号で初荷が出荷された。製造された軽油は原油由来の軽油と混合して製品規格を調製して，英国，フランス等の欧州の石油会社へ輸出し，ナフサはアジア地域のシンガポールおよび日本の石油化学企業へ輸出している。

GTL装置の稼動状況は，工場見学は世界一のGTL工場と書かれた大型バスで，すべてをお見せするとの感じでゆっくり走行し，全ての装置の前で停止し，質疑応答が行われた。全ての質問に丁寧に回答があった。もちろん，後日の質問も受け付けますと笑いながらの説明があった。

GTL事業に必要な全装置は72haの敷地に収められ，装置構成はサソール社の指導に基づいた自己熱改質装置，FT合成装置，水素化分解装置の組み合わせであった。世界のGTL事業を見学していた著者の目からも，世界の最先端のGTL事業の装置構成と思われる。

工場見学は見学ルートに従って，道路を挟んで右側に水素化分解装置が

100m × 30m の敷地に１基，左側に FT 反応装置が 100m × 30m の敷地に２基，その隣に自己熱改質装置が 100m × 30m の敷地に２基，その隣に酸素製造装置が 100m × 30m の敷地に１基が設置されている。これ以外に製品タンク，天然ガスの受入れ設備，出荷設備等がある。また，装置稼動に必要なユーティリティー設備，発電設備が設置されている。

装置はコンパクトに敷地内に設置され，工場内は整理整頓されていた。さすが世界初の経済性を有する GTL 装置との強い印象を受けた。

装置別に説明すると，合成ガス製造装置はハルーダ・トプソー社の自己熱改質装置を採用されている。この装置は，水素製造装置として，世界中で多くの実績を持っている装置であり，装置の上部は約 1,000℃で反応する部分酸化の反応器で，下部は約 100℃の Ni 系触媒を使用した水蒸気改質の反応器で構成されている。なお，自己熱改質の部分酸化に必要な酸素製造はエアプロダクト社で，白色の２塔の反応器が見える。石炭の改質でないため，装置の外装は汚れてなく，サソール社のセクンダ工場に比較すると綺麗で，シェル社のビンツル工場を思いだす。

FT 反応装置はサソール社のコバルト触媒を使用したスラリー床であり，セクンダ工場で長年研究を重ねた最先端の FT 技術を投入している。反応温度は約 120℃，反応圧力は 10 気圧で一酸化炭素と水素の合成ガスを１：２の比で通じて，製造能力は 17,000B/D が稼動している。触媒は酸化ダイヤモンドのコバルトを 5wt% 担持した触媒で，現在の触媒はコバルト系であるが，製品構成比率の変更で，得意の鉄系も使用するとのことであった。触媒はオランダのエンゲハルト社との共同開発である。

FT 反応装置の横には充填用の触媒がドラム缶で積んであったが，セクンダ工場のように触媒工場は隣接していなかった。

なお，装置能力の向上については，反応器を改良することで 30,000B/D も可能と発言があった。驚きであるが，わが国の㈱ IHI の横浜工場で１基約 1,000t の重量の FT 反応装置が２基製造され，船で約 3ヶ月かけて 2005 年４月に当地に納入されている。

水素化分解装置はシェブロン社のアイソクラッキングであり，コバルト・モリブデン系の触媒で，反応温度は約200℃，反応圧力は約100気圧で稼動している。この装置は重質系を分解するための世界中で多くの実績を持っている装置であり，オリックス社がサソール社とシェブロン社がGTL事業を行っているのはこの装置が縁である。

この工場は約50名で実施しているとのことから，効率的に稼動していることがうかがえる。

世界のGTL関係者が気にしている装置立上げ時の故障について，彼らは隠すことなく，装置の設計の問題ではなく，装置の操作上の問題であり，1基はすでにフル稼動している。残り1基も数ヶ月以内にフル稼動するとの発言であった。注目されている故障の部位はFT装置のスラリー床の反応率を上げるため，反応液を循環しており，この反応液には触媒粉が含まれているため，フィルターで触媒除去を行っている。この反応液を適切に循環できなくてフィルターで目詰が発生したが，現在は，循環液を上手く調整する運転を行っているので，フル稼働は時間の問題と述べていた。

製造能力はLPGが1,000B/D，ナフサが9,000B/D，軽油24,000B/Dであり，ナフサの硫黄分は0ppmで，ナフテンおよび芳香族が少なく，パラフィンが多いのでエチレンクラッカー用の原料に最適である。また，軽油のセタン価は70以上，硫黄分は5ppm以下，芳香族1%以下，流動点が10℃以上と原油由来の軽油より高品位である。

ラスラファンの世界最大能力のGTLプロジェクトは，カタール石油とシェルの合弁事業（出資比率51:49）で，2007年2月に起工式，2009年10月にプラント中央制御室の落成式を行い，試運転を開始した。2011年6月に第1フェーズとして7万バーレル / 日の商業生産を開始し，製品出荷をした。

第2フェーズとして7万バーレル / 日は2012年半ば試運転を計画している。2系列の装置群からGTL製品として14万バーレル / 日，コンデンセートは12万バーレル / 日，LPGおよびエタンを生産する予定である。なお，総投資額は210億ドルであった。

(2)　ロシア

ロシアは2008年に天然ガスの生産量が世界第2位となり，世界全体の31.1%を占めている。また，ロシアで採掘される天然ガスは，欧州の天然ガス需要の30%を占める。ロシアの天然ガスの生産はほとんどロシアの国営企業であるガスプロムが独占しており，ロシア中央部に位置するウラル地方からの生産が大きな比率を占める。しかし，ウラル地方の資源は枯渇懸念が起き，欧州への天然ガス供給の中継地点となるウクライナと，ロシアとの間で天然ガス供給における衝突が起きる等の多くの問題を抱えている。

世界最大のエネルギー供給国のロシアは，アジア地域への天然ガスの輸出に乗り出し，その中心的な役割を果たすのが，ロシア初の液化天然ガスプラントとしてサハリン島で稼働を開始した「サハリン2」である。年間生産能力が960万トンで世界需要の5%にあたる。

「サハリン2」で精製された天然ガスは，主に日本や韓国などに輸出されている。ロシアは中国との間で20年にわたる供給契約に合意し，需要増加が著しいアジア地域への影響力増大に向け，エネルギー覇権を目指すロシアの新たなアプローチが開始された。アジアのエネルギー市場におけるシェアは現在，約4%だが，これを2030年までに20～30%に引き上げる計画し，将来的には世界の天然ガス輸出のシェアを20～25%まで獲得する目標を掲げる。

4.3　日本の天然ガスの現状

天然ガスの生産量は天然ガスの消費量の4%程度であるため，残りの96%を海外から輸入している。輸入量は1969年以降年々増加しており，2009年度では約6,635万tに達し，世界の天然ガス輸入量の約35%を占める世界最大の輸入国である。日本はインドネシア，マレーシア，オーストラリアなど中心に，アジア・オセアニア・中東地域の各国からの輸入している。輸入先の多元化を進めることで，天然ガスの安定供給を図っている。

日本では天然ガスの消費の50%以上を電力会社による発電が占め，都市ガスは，東京および大阪など大都市圏を中心に供給している。また幹線導管網の発達が欧米と比べて不十分であり，欧米に比較し整備が整っていない。しかし天然ガスの販売量は，工業用を中心に年々拡大しており，新たな用途の開発も取り組まれるなど，日本においても天然ガスの重要性は増している。今後，より低廉な価格での輸入を確保しつつ，国際の天然ガス市場における主導的地位を維持し，供給量の確保を確実なものとしていくかは，日本のエネルギーの安定確保の向上や効率的なエネルギー市場の実現に関して重要な課題である。

4.4　天然ガスの将来

今後とも，世界のエネルギーの中核をなす資源であり，欧米では天然ガスでの普及が図られ，日本を始め東南アジアでは液化天然ガスで普及していくと想定されている。天然ガスは，硫黄分，窒素分を含まない環境に優しいエネルギー源として，将来はさらに重要性を増すエネルギー資源である。今後の展望として，天然ガスの国際貿易はさらに拡大することが予想され，またその中で液化天然ガスの比率が増大していくと思われ，天然ガスの貿易は今後さらにグローバル化することが予測される。

5　石炭

5.1　概要

世界的にみて石炭は石油および天然ガスより多くの埋蔵量を有することでエネルギーの主役である。全世界の天然ガス資源埋蔵量は 2008 年は 8,610 億トンで，可採年数は 128 年である。埋蔵量は欧州が 30.8%，北米が 28.5% およびアジア地域が 26.5% となっている。石炭は炭素，水素，酸素の分子が複雑に結合したナフタレン，アントラセン等が複雑に含まれた固体燃料であり，燃焼することで，環境問題物質である硫黄化合物，窒素化合物等を排出する。そのため，硫黄化合物，窒素化合物等の対策装置の設置が必要であり，使用において経済的な側面が否めない状態にある。

5．2　世界の石炭の現状

石炭は世界の多くの国に分散埋蔵し，さらに埋蔵量も豊富にあるが，大半の国は自国で生産される石炭を自国で消費している。これは，石炭が固体のため，運送が不便であること，さらには熱含有量が低いため長距離の輸送が経済性を悪くするためである。

石炭は欧州諸国ではエネルギーの主役を占め，多くの発電所が炭田の近隣に建設され，工業プラントの立地は，石炭などエネルギーを確保しやすい場所に設立されることが多かった。

世界の発電用に使用される石炭量の60％以上が，炭田から50kmの範囲内で消費されることからも，他のエネルギーと比較して石炭が地域的な性質を濃くしている。このような市場特性をもっているため，石炭は世界の市場であまり活発に取り引きされておらず，個別の取引が多いのが現状である。世界的規模での相互取引の市場が十分にまだ発達していない。

しかしながら，日本では国内で消費される石炭の多くは，経済性の面から国内で産出される石炭は少なくなり，使用する石炭は東南アジア，中国，オーストラリア等から輸入している。中国，インド等で鉄鋼の製造能力が増強するに伴い石炭の消費量は増加している。イギリスおよびフランス等の多くの欧州諸国では溶鉱炉での鉄鋼の生産量が減少し，また石炭を使用しない電炉での鉄鋼の生産量が増大することで石炭の使用が減少する傾向にある。

原油を多量に輸出している中東諸国でも石炭は2000年には一次エネルギーの2％以上を占めていたが，これらの諸国では国家の近代化に伴い，必然的にエネルギーの利便性が追求され，2010年には，この石炭の利用の比率は大幅に減少した。

（1）　ロシア

ロシアは米国・中国につぐ世界第３位の石炭産出国であり，世界第２位の輸出国である。その歴史は古く，スターリン時代から工業化のための中核的産業として，大きな比重を占めてきた巨大産業である。エネルギー政策からも，石炭への依存は歴史的に高く，1950年には全エネルギーの66%を占めた。しかし，その後，石油と天然ガスへの比重が増加し，1980年代後半には20%前後にまで下がった。1985年以後，石油増産の可能性が頭打ちとなり，チェルノブイリ原発事故が起こるに及んで，石炭増産になり，70年代からの動向を見ると微増を示している

ロシアでは共産主義体制の崩壊による国家の大きな変革があり，エネルギーとしての石炭は用途での目立った変化は見えないが，使用は確実に減少している。

しかし，ロシアエネルギー省の発表によると，2010年のロシアにおける石炭生産量は，昨年度比6.5%増の3億2,100万トンへと拡大しており，増産は輸出用である。

(2)　中国

中国のエネルギーの主役は石炭が担い，石炭消費の80%以上はボイラーなどの直接燃焼に用いられ，経済性を重視しているため，環境への対応が図られているとは言えない状況にある。また，中国は世界最大の石炭生産国でもあり，石炭開発による生態系の破壊，採掘にともなう廃棄物による環境汚染なども大きな問題となっている。

1998年，エネルギーの消費構造に石炭の占める割合は71.6%である。1985年と比較すると，4.2%縮小している。現在，中国の一次エネルギー消費に占める石炭消費のシェアは，1990年の76.2%から2000年の61.0%へと減少し，これは，石油と水力発電の消費量が増加したことによるものである。

(3)　米国

米国の石炭産業は完全に民営化され，炭坑の数は1990年の3,400から1995年には2,100に減少し，現在も減少傾向はまだ続いている。無煙炭の生産量は1971年の5億トンから1998年には9億トンのピークに達し，その後1999年に9億トン，2000年に8.9億トンと減少してきた。国内の主要石炭層は6ヶ所

あり，1997年時点で実証された埋蔵量は4,607億トン，このうち回収可能と推定される埋蔵量は2,497億トンである。1990年に改正された大気浄化法に基づく環境規制により，西部地域から産出される低硫黄石炭の生産が増大している。

石炭の大部分は発電に用いられており，産業等での消費は小さく，長期にわたって減少傾向にある。石炭火力は発電全体の50％以上を占めている。近年では高効率，低資本費で，環境排出が少なく，また短時間で起動できる天然ガス火力が増大しつつあるが，最近の天然ガス価格の高騰で石炭火力がまた見直されている。生産性の向上で石炭の価格は2020年までの期間に年率1.3％に低下すると予想されている。無煙炭の輸出量は1990年に9,590万トンでピークに達し，1996年には8,300万トン，2000年には5,300万トンに減少した。今後，輸出量が2020年まで5,600万トンで推移すると予測している。

米国のエネルギー政策は，クリーンな石炭技術研究のため今後の10年間に20億ドルの投資，技術の研究開発に対する現在の税額控除制度を無期限に延長，環境技術の改善を促進するとともに，石炭火力発電に関係する確実な規制策の策定に取り組んでいる。

(4)　ドイツ

1960年代以降，石炭は安い輸入石油に押されて主役の座を追われたが，政府は1973年の石油危機を契機に石炭への再転換策を打ち出し，石炭産業を保護してきた。ドイツは第二次大戦後の冷戦によって東西に分断されていたが，1990年に社会主義国家東ドイツの崩壊によって統一され，統一後は旧東ドイツ地域での経済不振のため，一時的にエネルギー消費と電力消費が低下するという事態が発生したが，その後，1994年を境に再び増加し1996年以降は統一前の水準に戻っている。ドイツはもともと褐炭と石炭を豊富に産出する国で，この石炭資源は歴史的にドイツ工業の発展に大きく寄与してきた。

その結果，2009年現在でも石炭の生産量は国内エネルギー生産量の36％を占め，エネルギー自給率は40％を維持している。石炭は特に発電用に大量に使用されており，電力会社は政府の石炭産業保護策に従い，1996 年まで国内炭の引き取りを義務付けられている。その結果，石炭火力のシェアは 2014 年現在でも全体の発電量の約 40%を占めている。

(5)　日本の石炭の現状

日本の石炭消費量は，1968 年度には 2,600 万トンであったが，石炭火力発電の石油への転換が進んだことから 1975 年度には 800 万トンにまで低下した。しかし，石油ショック以降は，石炭火力発電所の新設および増設に伴い，石炭消費量は再び増加に転じた。

日本の石炭生産量は，1961 年度には 5,500 万トンのピークを記録したが，以後，割安な輸入炭の影響や石油への転換の影響を受けて減少を続けた。海外炭の輸入量は 1970 年度には国内炭の生産量を上回り，1988 年度には 1 億トンを突破，2003 年度の輸入量は約 1 億 7,000 万トンに達している。2007 年には約 1 億 9,000 万トンに達している。一般炭の輸入先はオーストラリアから 68.4% で，インドネシアから 14,5%，中国から 7.9% 輸入している。石炭の需要は 1973 年度の 8,300 万トンから 1984 年度には 1 億トンを超え，2002 年度の需要は 1 億 6 千万トンであった。2005 年には 1 億 7 千万トンであった。現在，日本の石炭の国内供給のほぼ全量を海外からの輸入に依存している。

5. 3　石炭の将来

石炭はエネルギー安全保障，経済効率の面から，過去重要な役割を果たしてきた。今後，エネルギー安定供給の確保および地球温暖化防止を経済的かつ着実に実現していくために，脱硝，煤塵，脱硫および水銀等の環境問題の課題を技術的に解決する必要がある。経済成長に伴いエネルギー需要の増加が予想される中国，インド，アジアの発展途上国では需要の増加に加えて石炭の利用が中心となることから，二酸化炭素排出量も急増することになる。これらの地域で環境負荷低減の石炭技術をベースとした日本の技術移転が必要となってくる。

石炭はエネルギー安定供給を最も廉価に提供するという面で貢献してきおり，現在のエネルギー環境すなわちイラク問題，原子力関連のトラブル，急増するアジアのエネルギー需要などを考慮すると，今後，頼りになる水素エネルギーとしては認識しておく必要がある。

第５章　水素の運搬技術

水素がエネルギーとして使用されるためには，製造から消費地点に至るまでの水素輸送・貯蔵システムで，高い経済性と合理性を持つことが不可欠の要素となっている。水素の輸送・貯蔵に関するハンドリング技術こそ，これから幕を開けようとしている水素エネルギー時代のインフラを支える基盤技術である。

1　液体での運搬

1965年に日本では液化水素の運搬の調査事業を開始し，7年あまりをかけて，液化水素の保安・輸送・貯蔵について海外の事例研究を含めた本格的な調査を重ねた。1974年には，経済産業省のサンシャイン計画の水素の流通・消費プロセスにおける保安技術の研究について研究委託が開始され，大阪水素工業内で日本初の液化水素製造プラント（製造能力10 ℓ/h）を建設した。

1975年には宇宙航空研究開発機構が液化水素の輸送システムに関する検討を開始し，尼崎から田代（秋田県）まで，日本初の液化水素長距離輸送を行なった。

1976年には，宇宙航空研究開発機構は日本初の液化水素の拡散・燃焼実験を実施し，保安についても検証を行なった。

1978年，日本初の大型商用液化水素製造プラント（製造能力730 ℓ/h）が本格稼働を開始し，水素エネルギーの歴史に新しい1ページを開いた。

このプラントで製造された液化水素は，1986年，国産ロケットH-I型1号機の初の液化水素燃料ロケットの燃料となり，打ち上げ成功に大きな役割を果たした。

1．1　容器での運搬

液化水素を輸送するための容器は，国内では図1の可搬式超低温容器(LGC)，図2のコンテナ，図3のローリーの3種類が主に使用されている。LGCとコンテナは，輸送用としてだけでなく，使用場所に置いて消費先容器として使用可能である。液化水素は外部からの侵入熱により気化するので，貯蔵は外部からの熱を極力遮断する断熱性に優れた断熱方法を採用する必要がある。そのため輸送用容器の断熱には，いずれも積層空断熱方式が採用されている。

また，ロケット燃料向けなどの大量供給に対しては，液化水素ローリー（内容積23,000ℓ）によりバルク供給が一般的で，この場合はローリーから低温貯槽などに液化水素を移し替えて貯蔵している。タンクローリーによる直接供給も可能であるが，高圧ガス保安法では，タンクローリーは移動式製造設備として取り扱われ，長時間以上同一場所に留め置いて使用する場合は，貯蔵設備としての届出も必要となるため，十分な注意が必要である。

最近では，11,000USガロンコンテナの液化水素コンテナも導入されており，内容積40klの大量供給も可能となっている。

図１　可搬式超温容器
(引用：岩谷産業のホームページ)

図２　コンテナ
(引用：岩谷産業のホームページ)

図３　ローリー
(引用：岩谷産業のホームページ)

1．2　船舶での運搬

（1）　豪州の石炭由来の水素

図4の川崎重工は豪ビクトリア州で褐炭ガス化水素製造装置を稼働させ，現地で二酸化炭素回収貯留（CCS）を行うとともに，積み荷基地から水素を専用輸送船で日本の揚げ荷基地に運搬し，わが国において水素発電，水素自動車などの形で活用する計画である。

ビクトリア州にとっては，褐炭ガス化水素製造装置から副生される水素でアンモニアや尿素を活用して化学工業や肥料製造業を振興させることができれば，低品位炭である褐炭の有効利用ができる。

日本にとっては，2国間オフセット・クレジット方式でCCSに協力し国内で水素発電を行う事業者には，同時に最新鋭石炭火力発電所の新増設をある程度認めるシステムを導入するならば，日本経済にとって最大の脅威の一つと

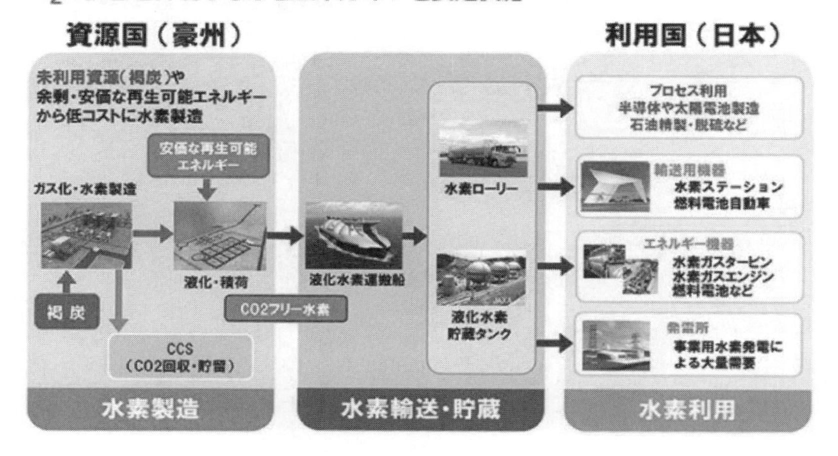

図4　豪州炭からの水素工程
（引用：川崎重工のホームページ）

なっている発電用燃料コストの膨張を抑制することができる。このように褐炭由来の二酸化炭素フリーの水素チェーンの構築は，日本に有意義なプロジェクトなのである。

(2)　天然ガス由来と風力発電由来の水素

図５の千代田化工建設は水素を石油や天然ガス，風力や太陽光と組み合わせた事業化を目指している。名前はSPERA水素プロジェクトである。SPERAとは，ラテン語で希望という意味を持つ言葉である。

油田・ガス田や炭鉱，大規模ウィンドファーム（集合型風力発電所）の近くに設置するプラントで生成した水素を，トルエンと反応させて運びやすい常温・常圧で液体のメチルシクロヘキサンに変え，それを日本などに運んで脱水素プラントにかけて水素に戻し利用する構想を進めている。

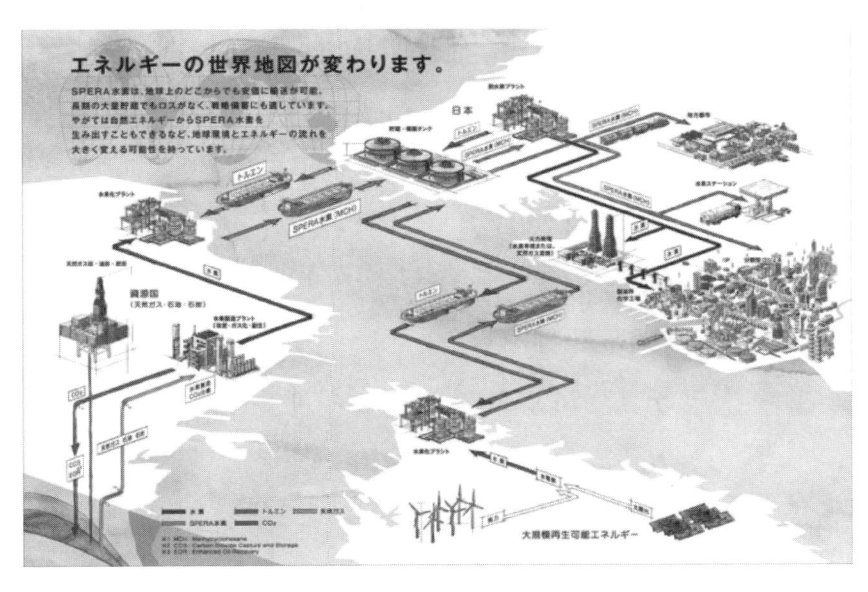

図５　天然ガス由来および風力発電由来の水素
（引用：千代田化工建設のホームページ）

この構想のポイントは，メチルシクロヘキサンにすることで運びやすい水素，貯蔵しやすい水素を実現した点にある。SPERA 水素が普及すれば，水素を活用したいという人類の希望は，文字通りにかなうことになる。

第 1 ステップとして，産油国・産ガス国・産炭国で生まれる副生水素をトルエンと反応させるプラントを建設する。油田・ガス田・炭鉱で水素改質時に発生する二酸化炭素をその場で回収・貯留することにより，二酸化炭素排出量を大幅に削減することが可能になる。また，油田においては，回収した二酸化炭素を注入することによって，残留原油の増進回収（EOR: Enhanced Oil Recovery）を行い，原油の増産につながる。

第 2 ステップとして目指しているのは，風力や太陽光など再生可能エネルギーで発電した電気を用いて水の電気分解を行い，そこで製造した水素を SPERA 水素として活用することである。風力発電や太陽光発電は，ほとんど二酸化炭素を排出しない電源として，地球温暖化対策の切り札的存在であるが，送電線を新たに敷設しなければならないケースが多く，それがコスト高につながって普及を遅らせているという泣き所もある。

上手に仕組みを作り上げることができれば，SPERA 水素は，送電線に代わって，エネルギーを運搬する役割を果たすことになる。「SPERA 水素」は，風力発電や太陽光発電の普及を促進するものである。

2　気体

2.1　ガードル運送

1958 年に水素ガスの製造を目的とする岩谷瓦斯が設立され，水素事業への本格的な取り組みを開始した。水素の黎明期ともいえる時代である。工業需要そのものがまだ少なく，水素ガスは 60kg ないし 80kg のシリンダーを手で配送するという時代であった。

1960 年にはいち早く，輸送面の合理化に着手し，シリンダーを束ねた形のカードルの開発によりフォークリフトやチェーンブロックによるハンドリング

図６　セルフローダ
(引用：岩谷産業のホームページ)

を導入した。一方，トレーラー，スライドローダ，図６のセルフローダなどの画期的な輸送車を次々に開発した。同年の大阪国際見本市の水素ガストレーラーは，水素ガス長尺容器24本組を積載した画期的なシステムとして注目を浴び，「水素のイワタニ」を強く社会に印象づけることになった。

輸送能力も１台あたり500Sm^3～1,000Sm^3～3,000Sm^{3}へと大型化を実現し，拡大する工業用需要に対応して，水素の大量供給体制を構築した。

水素をガス体で大量に輸送するには，約20MPaの高い圧力に耐えることができる大型のボンベを束ねたトレーラーに水素ガスを加圧充填して輸送することが一般的ある。この場合，車両の大きさや重さから約3,000Sm^{3}を一度に運ぶことが限界である。

圧縮水素ガスは，その使用量などに応じて，いくつかの形態の容器で供給されるのが普通である。圧縮水素ガス容器に取り付けられるバルブは，導管への誤接続防止のため，通常の一般高圧ガスとは逆の，左ねじが用いられている。また，高圧ガス保安法により，水素の容器はその表面積の1/2以上を赤色に塗装している。

中型の輸送用容器として単瓶を集結した図７にカードルがある。内容積は46.7ℓ×10本＝467ℓ，充填圧力14.7MPaで，50ℓ×20本，30本，また充填圧力19.6MPaタイプもある。大量に消費する場合は多くの数が必要となるが，使用場所を移動させて使いたい場合などは，カードルであればホイストやフォークリフトなど簡単な設備で移動することができる。

図７　カードル
（引用：岩谷産業のホームページ）

図８　シリンダー
（引用：岩谷産業のホームページ）

大型の輸送用容器には長尺容器を集結したセルフローダやトレーラーと呼ばれるものがある。長尺容器とはその名称の示す通り１本の長さが6メートル以上もある長い大型容器のことである。長尺容器１本あたりの水素容量も60～140Sm^{3}と大きく，また，重量も500kg以上となることからバラバラに単独で使用されることはほとんどなく，集結されることを前提に製作された容器である。現状最も大容量のものには，19.6MPa充填トレーラー1台で3,100Sm^{3}容量がある。

容量の上限は，道路運送車両法および，道路交通法の車両寸法や最大積載量の制限に起因する。セルフローダとトレーラーの違いは，トレーラーはゴム製のタイヤが付いておりそのまま牽引して移動するが，セルフローダには鉄製の車輪が付いていて，ウインチ付きの専用トラックの荷台に引き上げて移動するものとなっている。

2.2　シリンダー運送

小型で10Sm^{3}以下ぐらいの水素輸送に使われているものを工業ガス業界では単瓶（シリンダー）と呼んでいる，いわゆるボンベである。図８のシリンダーは内容積が50 ℓ までのもので，現状では内容積46.7 ℓ，圧力14.7MPa充填で水素容量7Sm^{3}のものが主流となっている。

第６章　水素の貯蔵技術

クリーンエネルギーとして期待されている水素エネルギーであるが，普及の課題のひとつに貯蔵の困難さが挙げられている。現在は気体タンクか液体タンクに貯蔵されている。

1　高圧タンク

水素を気体のままで図１のタンクに貯蔵されている。水素は密度の低い気体であるため，限られたタンクの容積内にできるだけたくさん積むために，圧縮して詰め込んでいる。あまりに圧力が高くなると，水素漏れや爆発といった危険性も高まる。タンクも高圧に耐えるため分厚く丈夫なものにするため，余計に容器が大きくなる。また充填や運搬，貯蔵の過程で，水素を扱うこと自体に危険も伴うため，安全のために法的な規制もある。

自動車用には鋼製容器では重くなるため，軽量化のためにカーボン繊維強化プラスチック複合材料で耐圧強化したアルミニウム製の軽量水素燃料タンクが開発されている。水素を圧縮して積みこむタンクは３層構造となっていて一番内側がナイロン系の層，中間が炭素繊維強化プラスチック，一番外側がガラ

図１　燃料電池自動車用の水素タンク
（引用：JHFC 水素・燃料電池実証プロジェクトのホームページ）

ス繊維強化プラスチックとなっている。

燃料電池車で使われているタンクの規格が350気圧で，従来のガスタンクの内圧が150気圧であり，それと比べても倍以上である。また，それをさらに倍にした700気圧の高圧タンクも開発され，既に実用化されている。700気圧のタンクを搭載したFCVの航続距離は400km以上になり，ガソリン車と遜色はなくなる。

メリットとしては，気体のまま貯めることで，燃料としてすぐに使えることが挙げられる。他の方法に比べ，容器の大きさに対して貯められる量が少ないという欠点はあるが，700気圧のタンクの登場で，今では大きなデメリットとは言えない。

2　液体タンク

液化水素は常温に戻すだけでそのまま，燃料電池自動車の燃料に使える，利便性にも優れているため，液体水素をタンクに貯蔵する。

液化水素は－253℃と極低温なため，貯蔵タンクはニッケル含有量の多い特殊なステンレスで製造される。しかし，加工が難しく，これまで民生用の大型水素タンクの開発は積極的には実施されなかった。

川崎重工業は液化水素を大量貯蔵できる図2の大型タンクを開発し，2016年度の実用化を目指している。

水素を液体にすると，気体の状態の1/800の体積になり，同じ大きさの容器の中に，気体の状態で搭載するよりたくさんの量を貯めることができる。

気体を液体の状態にするには超低温に冷やさねばならず，冷やすだけでも多量のエネルギーが必要になる上に，その状態を保つのも大変である。

図２　液体水素タンク
（引用：川崎重工のホームページ）

3　吸着剤貯蔵

水素吸蔵媒体と呼ばれる金属に水素を吸い込ませて貯蔵する方法である。金属はそれぞれ独自の結晶構造を持っていて，マクロに見ると，分子と分子の間にはスキマがある。大きな箱の中に野球のボールを詰めたところを想像する。箱いっぱいに詰めても，ボールとボールの間には結構スキマがある。これに対して水素の分子は鉄よりもはるかに小さいので，野球のボール同士のスキマにパチンコ玉を詰めていくように，金属に水素を貯めることができる。そのように水素を取り込む特性を持つのが水素吸蔵合金である。水素を取り出すには，外部から熱を与える。

水素吸蔵合金を使うと，水素を分子状態で貯蔵するため，気体の1/1000以上に，液体水素よりもコンパクトに，省スペースで貯蔵できる。また，超低温にする必要もないし，圧力も低いので安全性も高いというメリットがある。

金属が水素を取り込む現象は古くから知られていた。酸性の溶液内の鋼が急激に割れてしまうことがあるが，これは溶液中の水素イオンが鋼中に侵入し，鋼を水素脆化させることに起因する。

積極的に水素貯蔵に用いる研究は，1960年代のアメリカ・オークリッジ国立研究所のJ. J. Reillyらによって始められた。現在の水素吸蔵合金の基礎となっているマグネシウム基合金やバナジウム基合金が水素吸蔵放出を行うこと，さらに合金組成を制御することでその特性が変わることを実験により証明した。

以後も，気体水素貯蔵，ヒートポンプ，高効率電池などの観点から水素吸蔵合金の開発は進められており，特に日本においては，経済産業省とその外郭団体であるNEDOが主導となって進められた開発プロジェクトであるサンシャイン計画やWE-NETにより開発が進み，現在世界でもトップレベルの開発水準を維持している。水素吸蔵合金の原理は固溶現象と化学的結合の二つに大別される。

固溶現象とは，固体結晶中に水素が入り込み，水素吸蔵合金が侵入型固溶体を形成させる。水素の吸蔵と放出を両立させるためには，まず結晶構造中に水素の入れる空隙がある。そして，その位置で水素原子がある程度安定に存在することができ，その位置から水素が出られなければならない。

これらの観点から合金の結晶構造，ならびに電子状態を最適化するために，比較的空隙の多い結晶構造をもち，なおかつ触媒作用を持つような元素を含む合金が各種開発されている。

化学的結合とは，実際に合金中の元素が水素と化合することを意味する。たとえばマグネシウムは，水素とMgH_2という化合物をつくる。この反応が完全に進行すると，マグネシウムはその重量の7.6%もの水素を吸蔵する計算になる。しかし化学的結合は固溶などと比較してその結合が安定であるため，適当な条件でその結合を切るための触媒，あるいは結晶構造が要求される。現在知られている水素吸蔵合金は以下である。

AB2型

　チタン，マンガン，ジルコニウム，ニッケルなどの遷移元素の合金をベー

　スとしたもの。結晶はラーベス相と呼ばれる六方晶ベースの構造をもつ。水素密度が高く容量を上げることが可能だが，容量の大きい合金になるほど活性化が困難という欠点がある。

AB5 型

　希土類元素，ニオブ，ジルコニウム 1 に対して触媒効果を持つニッケル，コバルト，アルミニウムなど遷移元素を含む合金をベースとしたもので $LaNi_5$，$ReNi_5$ などが代表である。初期段階からの水素化反応が容易だが，希土類元素やコバルトを含むため高価なのが難点である。ただし，精製されていない希土類元素を使うことで問題を回避するなどの研究が進んでいる。

Ti-Fe 系

　比較的空隙の多い体心立方晶の金属間化合物を使用する。

V 系

　バナジウムは水素と効率よく反応することが知られており，比較的空隙の多い体心立方晶の合金が各種研究されている。

Mg 合金

　マグネシウムは 7.6wt% もの水素を吸蔵するが，水素化マグネシウムが比較的安定であるために，これを不安定化する触媒元素との合金が各種研究されている。

Pd 系

　パラジウムは自分の体積の 935 倍もの水素を吸蔵するが，高価なのが難点で，Ca 系合金水素との親和力が強いカルシウムと遷移元素の合金が中心に研究されている。

水素吸蔵合金中で，水素は結晶構造にならい規則的に配置される。このため，気体と比較して極めて高い水素充填密度を実現することができる。また，水素放出が比較的穏和に行われるため，急激な水素漏れによる事故の発生も防止できる。将来の水素貯蔵の本命である。

第７章　水素社会を目指す世界の国々

日本および諸外国で水素社会を目指して，活発な動きが見られるのでここで紹介する。

1　国内

1.1　北九州市

北九州水素タウン福岡県・福岡水素エネルギー戦略会議では，環境にやさしい水素エネルギー社会を実現するため，図1で福岡水素戦略（Hy-Life プロジェクト）を展開している。経済産業省の水素利用社会システム構築実証事業

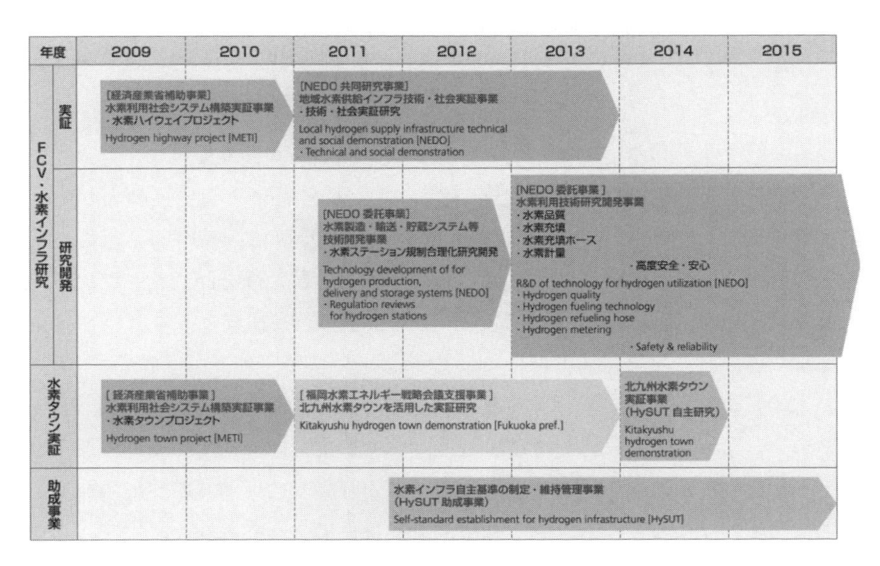

図１　実施計画

（引用：http://hysut.or.jp/business/index.html）

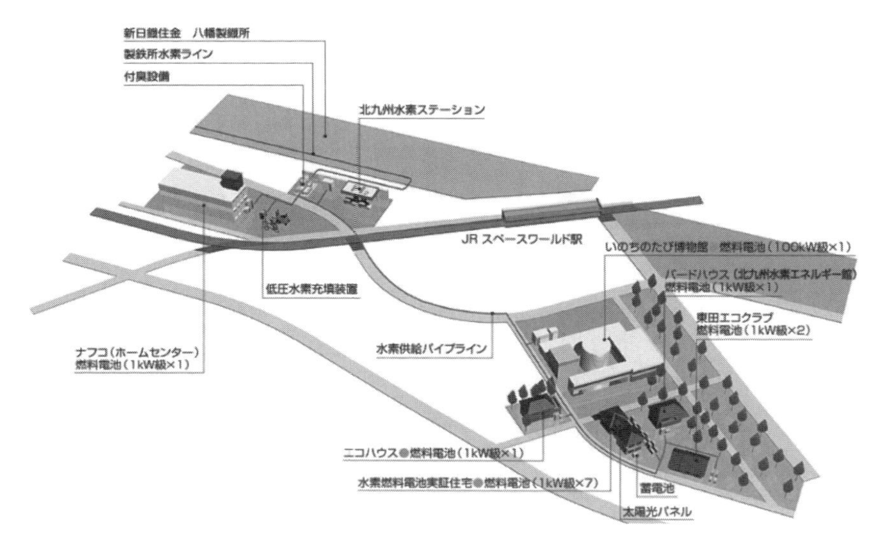

図２　福岡水素戦略（Hy-Life プロジェクト）
（引用：http://hysut.or.jp/business/2011/02/）

の一環として北九州市に整備した水素タウンの実証を継続実施している。

そのため，図２の市中に敷設した水素パイプラインによって，集合住宅や業務用施設等に設置する燃料電池や低圧水素充填装置に，効率的に水素を供給・利用する実証試験と経年によるパイプラインの耐久性を評価をしている。

将来につながる水素タウンを実証するとともに，実証データの収集や技術的課題や運用面での課題抽出を行なっている。

純水素型燃料電池等の多用途・複数台運転実証は，集合住宅や業務用施設，水素ステーション等に設置した燃料電池，および蓄電池と太陽光発電の連系システムなどの実証運転を通して，実証データの収集や技術的課題や運用面での課題抽出を行うとともに，これら利用機器の経年による耐久性を評価する。

小型移動体への水素充填実証は，水素の用途を広げるために整備された燃料電池自転車，燃料電池ローリフトで用いられる水素容器用の充填装置の運転実証を行い，水素充填方法などの課題抽出も行なっている。

1.2　愛媛県新居浜市

四国では水素に取り組んでいる事業所はないが，新居浜市では行政が取り組んでいる。新居浜市は国，県，企業をつなげ，水素社会の到来は新産業創出のチャンスと考え，雇用や納税で結びついていた地域と企業の関係にエネルギーという新たな接点を加え，新居浜市活性化の原動力として水素を考えている。

水素ステーションの設置支援について，発電，給湯，暖房から車や船の動力源まで，水素を暮らしや産業に活用する社会の実現に向けた調査を実施している。

近い将来，燃料電池自動車が普及し，四国においても水素ステーションが必要になるものと予想し，燃料電池自動車の普及動向に注視するとともに，設置主体となる事業者が参入しやすい環境を整備することが重要と認識している。今後，四国初となる水素ステーションの設置を目指し，公的補助獲得や設置に係る規制緩和への協力など，きめ細かな支援を進める。

市内企業においても既に水素を製造している企業や既存技術を活用した燃料電池分野への参入を進めている企業，四国初の水素ステーションの設置を目指しているIHテクノロジー㈱もある。新居浜市は産業界として，絶好の機会として捉えており，市として，このような状況を踏まえ，水素を活用した新産業創出への取り組みについて，四国経済産業局や愛媛県と情報交換を行うとともに，事業化に向けた協力，支援を依頼するなど，主体的取り組みを進めている。

1.3　東京都

2020年東京五輪・パラリンピックで，東京都は，中央区晴海に建設する選手村を，水素エネルギーで電力などを賄う水素タウンとして整備する方針を決めた。

水素ステーションを設置し，選手が滞在する宿泊棟に電力や温水を供給。五輪後はエリア内の商業施設や学校などへの供給も目指している。大規模な実験となる見通しで，都は世界が注目する五輪を機に水素社会の実現に弾みをつけたい考えである。

都などの構想では，2020 年までに晴海地区に，水素を供給するステーションを建設し，選手村内にパイプラインを巡らせ，宿泊棟や運動施設，食堂などに水素を送る計画である。各施設に設置する燃料電池で，水素と空気中の酸素を反応させて電気や熱を生み出し，電力や温水を供給し，選手らが移動に使う燃料電池バスなどの水素補給にも使われる。

１．４　川崎市

川崎市では，図 3 のように臨海地域に水素供給グリッドを張りめぐらせる計画である。海外のガス田などで大量に発生する水素をタンカーで輸入して，発電所のほかに地域内の工場や遠隔地の水素ステーションにも供給できるようにする。水素発電所と合わせて 2015 年の完成を目指している。

すでに大量の図 4 の水素を輸送・貯蔵するプロセスは完成し，川崎市と共同で水素ネットワークを推進する千代田化工建設㈱が，隣接する横浜市内の事業所に実証プラントを建設して実用性を確認済みである。

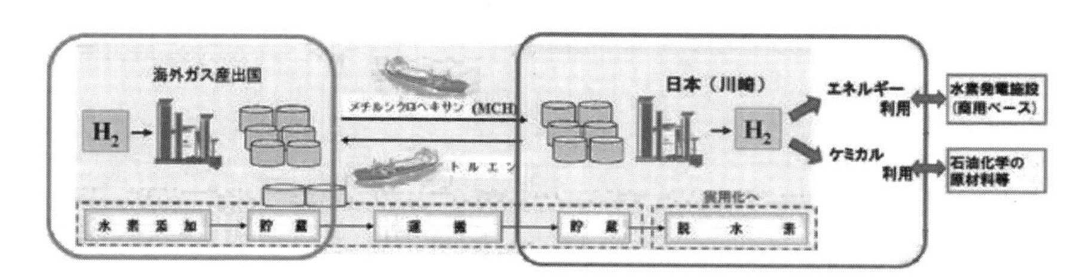

図３　川崎市の水素供給グリッド
（引用：川崎市のホームページ）

図４ 水素を輸送・貯蔵するプロセス
(引用：川崎市総合企画局，千代田化工建設)

1.5 関西空港

アジア初となる図５の水素グリッドエアポートを目指して，関西国際空港で取り組む分野はフォークリフト開発・実証と水素インフラ整備である。この水素エネルギーの導入プロジェクトは「関西イノベーション国際戦略総合特区」の一環で推進するもので，関西国際空港をアジア地域における国際物流ネットワークのハブにする狙いもある。

図６の燃料電池を搭載したフォークリフトは2016年度から年間に数十台ずつ増やしていく。

関西国際空港が導入する燃料電池フォークリフトは，トヨタ自動車と豊田自動織機が共同で開発したもので，現在は実証実験の段階にある。

2015年度までに，貨物の運搬用に２台の燃料電池フォークリフトを導入する。利用する場所はクリーンな作業環境が求められる医薬品の専用共同定温庫

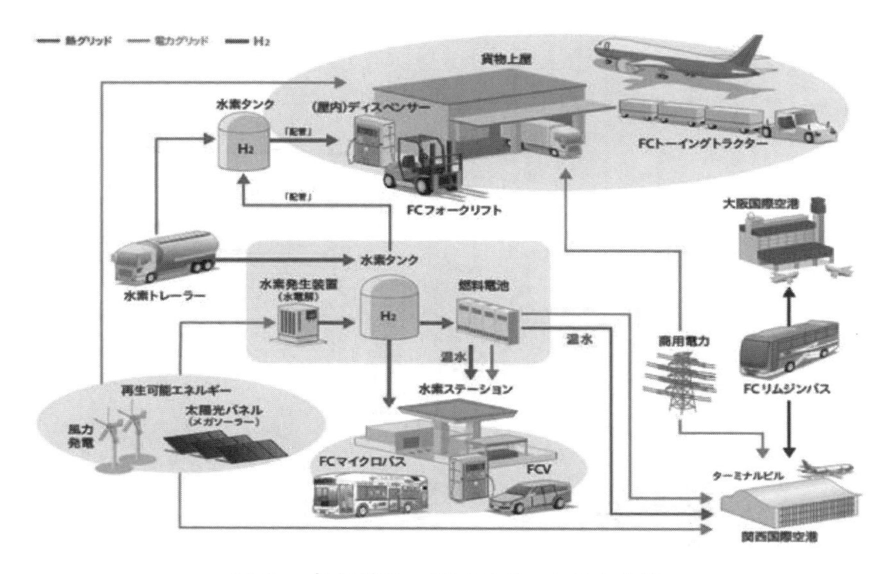

図５　水素グリッドエアポートの全体像
（引用：新関西国際空港）

図６　フォークリフト
（引用：豊田自動織機）

などを予定している。貨物分野の取り組みと並行して，2014年度中に水素ステーションを建設し，近隣の大阪国際空港にも同様の水素ステーションを設置して，2つの空港を直結する燃料電池バスを運行させている。さらに水素発電システムの導入計画がある。災害に強い分散型のエネルギー供給体制を構築するために，空港内で稼働している太陽光発電や風力発電と組み合わせて，停電時にも電力と熱を供給できるようにする構想だ。

続けて図7の2016年度までに貨物用の建屋の中に液化水素貯蔵施設と高圧水素配管を設置してインフラを整備する計画だ。配管を通してディスペンサーからフォークリフトに水素を供給できるようになる。

インフラの整備に合わせて，2016年度からは年間に数十台の燃料電池フォークリフトを導入して本格的な運用を目指している。10年後の2025年度までに数百台の規模に拡大させる構想で，同時に貨物のコンテナを航空機に配送するためのトーイングトラクターも燃料電池車に切り替えていく。

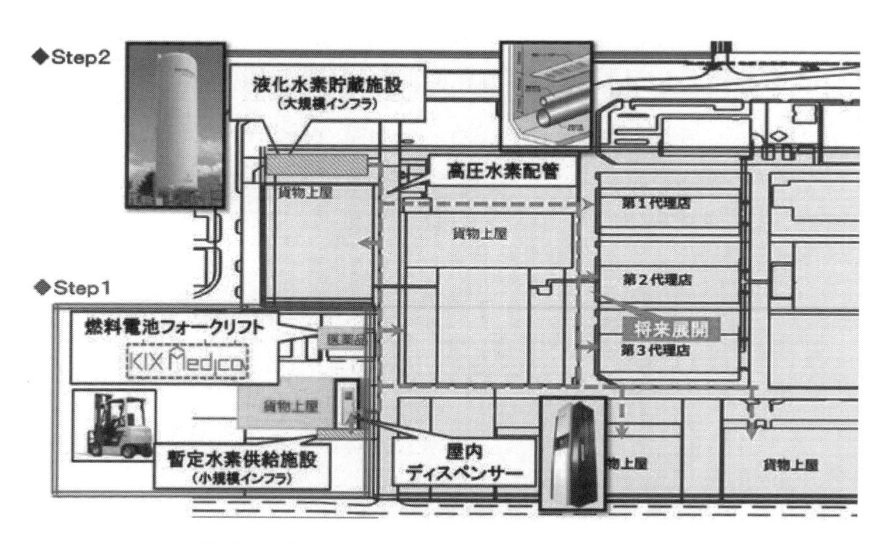

図7　燃料電池フォークリフトと水素インフラの展開計画
（引用：新関西国際空港）

1.6　静岡市

静岡ガス，鈴与商事などはJR東静岡駅周辺での水素供給を目指し，事業化調査にを行なう。水素ステーションを設置し，2016年度にも燃料電池車やマンション，商業施設などに水素を供給する。20年代に見込まれる普及期をにらみ，同駅周辺で水素タウンを整備する計画である。

1.7　堺市

堺のLNG基地に隣接する冷熱を有効利用した空気分離設備と液体水素製造設備が液体水素製造設備の原料となる。水素の製造装置には，原料供給，水素製造，廃熱回収および水素精製の各セクションから構成されている。

1.8　周南市

周南市水素利活用協議会では，周南コンビナートで生み出される水素エネルギーを，まちづくりに活かすことを，企業関係者，商工関係団体，学識経験者，国，県，市や専門的な機関と連携して以下の事項について協議している。

① 水素ステーションを核とした，水素エネルギーの利用形態や需要量。

② 水素インフラ等の初期投資にかかる費用と規制の緩和策。

③ 周南市のまちづくり全般における，水素の利活用方策。

④ 市民の水素エネルギーに対する理解及び水素エネルギー利活用の普及・啓発方策。

また，ロードマップを作成し，水素ステーション1ヶ所も，燃料電池・水素自動車数70台，定置用燃料電池数600台を平成29年度までに活用する計画としている。

2 海外

2.1 アラブ首長国連邦

マスダール・シティ（アラビア語：مدينة مصدر, madīnat maṣdar）は先端エネルギー技術を駆使してゼロ・エミッションのエコシティを目指すアラブ首長国連邦（UAE）の都市開発計画と，その計画によって建設されている図８の都市である。主としてアブダビ政府の資本によって運営されているムバダラ開発公社の子会社，アブダビ未来エネルギー公社が開発を進めている。

英国の建設会社フォスター・アンド・パートナーズが都市設計を担当し，太陽エネルギーやその他の再生可能エネルギーを利用して持続可能なゼロ・

図８　マスダールの全景
（引用：マスダール公社のホームページ）

カーボン，ゼロ廃棄物都市の実現を目指している。都市はアブダビ市から東南東方面に約17キロメートル，アブダビ国際空港の近くで建設中である。

マスダール・シティには国際再生可能エネルギー機関の本部が置かれる予定となっている。

都市の建設計画はアブダビ未来エネルギー公社（ADFEC）が中心となって2006年に開始された。工期は約8年で，プロジェクトの総事業額見込みは220億米ドルである。都市の面積は約6.5平方キロメートル，人口およそ45,000から50,000人が居住可能となる。また，商業施設や環境に配慮した製品を製造する工場施設など，1,500の事業が拠点を置き，毎日60,000人以上の就労者がマスダールに通勤することが見込まれている。

このほか，マサチューセッツ工科大学（MIT）の支援を得てマスダール科学技術研究所（MIST）も設置される。自動車はマスダール・シティ内へ進入できないため，都市外部とは大量公共輸送機関や個人用高速輸送機関を使ってマスダール・シティ外に置かれる他輸送機関（既存の道路や鉄道）との接続拠点を介して行き来することになる。マスダール・シティは自動車の進入を禁止した上で都市周囲に壁を設け，それによって高温の砂漠風が市内に吹き込むことを防ぎ，幅の狭い道を張り巡らせて冷たい風が街中に行き届くようにしている。

本プロジェクトにはアブダビ未来エネルギー公社のほか，英・Consensus Business Group，クレディ・スイス，独・シーメンス・ベンチャー・キャピタルなどのベンチャーキャピタルがファンドグループであるMasdar Clean Tech Fundを通して参加している。第1期工事は米・CH2M HILL社が進めている。

マスダール・シティではさまざまな再生可能エネルギーが使用される。プロジェクトの初期段階には，独・コナジー社が建設する40-60メガワット級の太陽光発電所が含まれており，他の建設現場に必要な電力がここから供給される。

今後，さらに大規模な発電所が建設され，屋上に設置される追加のソーラー・パネルによって最大発電量は130メガワットとなる。マスダール・シティ外には最大20メガワットを発電可能な風力発電地帯が設けられると同時に地熱発電の活用も検討されている。また，世界最大規模となる水力発電所の建設も計画されている。

水源についても環境に対する配慮がなされた計画となっている。マスダール・シティが必要とする水量は同規模の共同体に比べて60%低いが，その供給には太陽光発電によって運営される海水淡水化施設が使用される。使用された水のうち約80%は可能な限り，繰り返しリサイクルされる。雑排水は農業用水をはじめとする他の目的にも流用される。

マスダール・シティでは廃棄物のゼロ化も目指す。有機性廃棄物は有機肥料や土壌の元として再利用されるほか，ごみ焼却炉を介して発電にも使われる。プラスチックや金属などの産業廃棄物はリサイクルや他の目的への転用も行われる。

2.2 デンマーク

余剰電力による水素ストレージの試みは，欧州でも始まっている。デンマークの図9のロラン島では，風力発電の余剰電力などで水を電気分解して水素を取り出し，約40軒の住宅にパイプラインで送るプロジェクトが2007年から始まっている。各家庭には，燃料電池コージェネレーションシステムを設置し，電気と熱を賄う。

水素貯蔵は，水の電気分解，貯蔵，燃料電池による発電というプロセスで失われるエネルギーが大きいという欠点がある。一方で，長期間貯蔵できる利点から，季節によって風の強さに偏りの大きい風力発電に適しているとみる向きもある。こうした利点と欠点を実証プロジェクトで明確化し，最適な市場を開拓する計画である。

図９　ロラン島の風景
(引用：ニールセン北村朋子，『ロラン島のエコ・チャレンジ―デンマーク発，100％自然エネルギーの島』)

2.3　ドイツ

ドイツでは10万台の車が天然ガスで走行しており，その燃料に水素が活用され始めている。国や経済界は今，ドイツ全土に水素を行き渡らせようとしている。

エネルギー会社が水素を使った新たな事業に乗り出している。燃えやすい性質を持つ水素を都市ガスの一部に燃料として混ぜる。ドイツの地下には，全土にわたって網の目状に都市ガス網が張り巡らされている。水素を都市ガス網に混入することで，ガスの使用量が減り，将来は二酸化炭素を減らすことにもつながる。ベルリン市内のレストランでも，水素の混じったガスを使い始めた。水素の混じったガスは，家庭の暖房燃料としても使われている。ドイツでは，多くの家庭で暖房器具が都市ガス網と直接つながっている。水素の利用に伴い，ガス料金は多少高くなるが，市民の不満は少ない。

ドイツが水素の利用を広げようとする目的は，図10の風力などの再生可能エネルギーの弱点を補うためである。エネルギーの多くを輸入に頼るドイツ

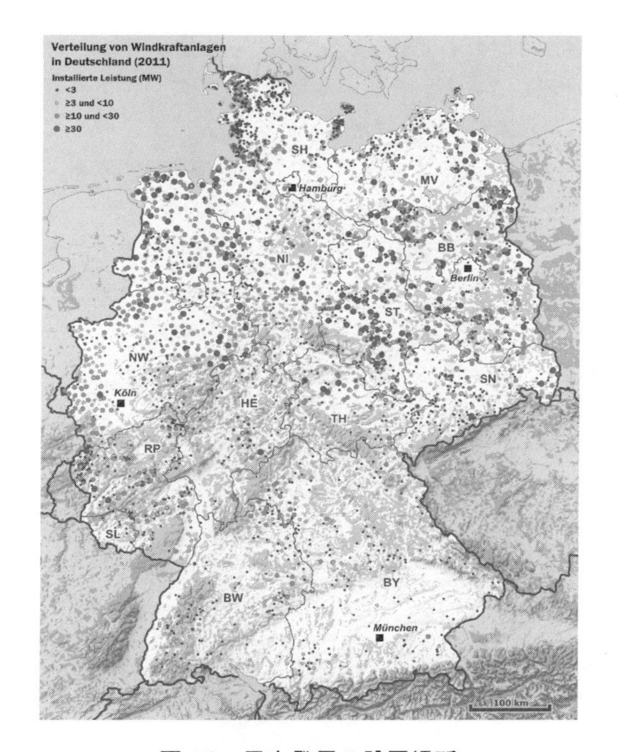

図 10　風力発電の設置場所
（引用：BWE-Bundesverband Windenergie. p.18, 2006 年 5 月）

は，1980 年代から国を挙げて再生可能エネルギーの普及に力を入れてきた。今や国内で使う電気の 4 分の 1 を賄っている。

しかし，風力による発電は，自然任せのため，発電量を調節できないという課題がある。

電気は貯めておくことができない。風が強い日に発電し過ぎて余った電気は無駄になってきた。その解決方法として注目したのが，水素である。

余った電気で水を分解して水素を取り出し，別の形のエネルギーとして蓄えておこうと考えた。貯めておいた水素は，レストランや家庭で，水素を利用することで，再生可能エネルギーを余すことなく使い切ることが可能になる。ドイツは再生可能エネルギーをできるだけ増やしていく考えである。エネルギーを蓄えられる水素が重要な役割を果している。

ドイツは，水素の専門機関を設立した。この機関は，水素が将来，国のエネルギー戦略を変える可能性があると考えている。

水素によってエネルギー輸入が減り，他国に依存しなくてもよくなる。さらに国内の水素産業が育てば，技術を輸出するチャンスも生まれる。ドイツでも，水素の利用に関する研究というのは，実はまだ始まったばかりで，可能性をまだまだ探っているという段階である。にもかかわらず，ドイツが水素というものに非常にこだわっているのは，再生可能エネルギーの割合を2050年までに8割に高めるというビジョンがあるからである。

この目標を達成するためには，電気を水素という別の形に変える方法により，貯められないとか運べないという再生可能エネルギーの弱点を克服していく必要がある。ドイツでは，再生可能エネルギーの普及ということと，水素の普及が，セットで考えられている。

水素は引火しやすいという危険物としての側面がある。ゆえに，ドイツはそこに非常に気を砕いており，ガス管に混ぜてはいるが，水素の量というのは全体のまだ2%である。安全性や，ガスの品質に問題が出ないのかということを，慎重に検討しながら進めているという段階である。

万が一にも事故を起こしてはならないという安全性と，それを確保するためにはどれほどのコストをかけるのか，ということとのバランスをどうとっていくか，ということが水素社会を実現する上で大きな課題となっている。

2.4　フランス

二酸化炭素排出量ゼロの燃料電池自動車の商用導入に向けた重要なステップとして，シンビオ Fcell はルノー・カングーZE の燃料電池自動車5台を道路走行に投入した。これはフランスのマンシュ県議会による大規模な車両プロジェクトの一環で，このプロジェクトには近日中に同型車が40台導入される予定である。このプロジェクトは水素燃料電池の有効性を示すのみならず，水素燃料電池レンジエクステンダーで世界有数のシンビオ Fcell の信頼性を示すものである。

今回の道路走行は，フランスにおけるクリーンな水素生産と流通の先駆者を目指すマンシュ県議会が進める意欲的計画の一環となる。マンシュ県は，水素ステーションとプラグインハイブリッド燃料電池搭載の小型車 5 台を所有するフランス初の県の一角を占める。またマンシュ県のプロジェクトは，海洋再生可能エネルギー（潮流発電と洋上風力発電），そして原子力による低炭素発電に向け，重要な潜在力を秘めている。

マンシュ県議会は，燃料電池実用車のルノー・カングーZE を計 40 台，道路走行に投入する計画である。この技術では，バッテリー電圧が一定レベル以下になると充電を行い，車両には水素 1.8kg の再充填が可能である。1kg の水素で 100km 以上を走行できることから，レンジエクステンダーは電気自動車の通常の走行距離をほぼ 2 倍に延ばすことになる。この大きな改善により，自動車市場で水素燃料電池車の競争力が高まる。

2.5　イギリス

エネルギー資源のほとんどを輸入に頼るイギリスは，燃料電池車と水素ステーションに関するロードマップを示し，2050 年までにガソリン車から燃料電池車に完全移行する目標を掲げている。水素製造方法では 2030 年には 51％の水素を水の電気分解で作るという目標も示している。水素燃料電池自動車を推進するイギリスの官民プロジェクト「UKH_2 モビリティ」が，プロジェクト第 1 フェーズの結果報告書を発表した。報告書は，2030 年のイギリス国内の水素燃料電池車は 150 万台以上と予測している。

「UKH_2 モビリティ」プロジェクトはイギリスにおける燃料電池車の可能性を評価し，燃料電池車と水素燃料補給インフラの導入までのロードマップを策定するために設けられた。プロジェクトのメンバーは，産業界からダイムラーやセインズベリーズなど，自動車，エネルギー，インフラ，小売部門の 12 社，イギリス政府から運輸省，エネルギー・気候変動省，ビジネス・イノベーション・技能省の３省。欧州委員会等による燃料電池・水素共同事業（FCH JU）も参加している。プロジェクト第１フェーズで各種調査・分析とロードマップ作成を実施，2013年３月開始の第２フェーズでは，事業具体化と障害克服への検討を行う。

2.6　米国

CARB（カリフォルニア州環境局・大気保全委員会）は1990年にZEV（Zero Emission Vehilce）規制法を制定した。制定以来，これまで何度となく修正が加えられ，その度に世界の自動車メーカーが対応を行なってきた。

燃料電池車については，図11のCaFCP（カリフォルニア・フューエル・シェル・パートナーシップ）が1999年に設立された。自動車メーカー，エネルギー供給会社，政府機関，燃料電池関連企業などのコラボレーション組織であり，水素FCVの商用化を共同で進めている。そうした中，2017年夏にZEV法が一部改正される。

これに伴い，電気自動車と燃料電池車の販売が義務化される自動車メーカーが増えることになる。

図11　CaFCP機関の入口

カリフォルニア州オレンジカウンティの中にある下水処理場では，24 時間水素が含まれるガスが排出されている。これを燃料電池に送って発電し，使わない分は水素ステーションに送って車の燃料として活用する実験が行われている。

2.7　オーストラリア

オーストラリアのグリフィス大学に，1 棟丸ごと電線に頼らないオフグリッドのビルが完成した。屋根とひさしの太陽光パネルで発電した電力をそのまま電気として使いながら，余った電気で水を電気分解して水素にして貯め，夜間や発電できない天候のときに電力として使用する。

2.8　カナダ

滝を使った小水力発電で電気をまかなうベラクーラの街では，需要ピーク時に足りない分を水素で補うマイクロプロジェクトが完了している。24 時間発電する小水力電力で水を電気分解し，水素として貯め，需要ピーク時にタンクから燃料電池に送って発電するほか，水素をトラックの燃料としても使っている。

第8章　水素社会の誕生を目指す支援

わが国のエネルギー供給は海外に大きく依存しているため，恒久的に脆弱性を抱えており，エネルギー需要・供給の変動拡大等によって，資源価格が不安定化している。

東京電力福島第一原子力発電所の事故によって，原子力発電の安全性に対する懸念が増大し原子力発電が停止した結果，国富が流出し，また，エネルギー供給に係る制約が顕在化している。

こうした状況を踏まえて，平成26年4月に水素時代を触れ新たなエネルギー基本計画が策定された。本計画の基本的視点として，安全性を前提とした上で，エネルギーの安定供給を第一とし，経済効率性の向上による低コストでのエネルギー供給を実現する。同時に，環境への適合を図ることが確認され，多層化・多様化した柔軟なエネルギー需給構造の構築が目途とされている。

わが国においては将来の水素社会を睨み，世界に先駆け表1のように1981年にムーンライト計画を立上げ，現在に至るまで燃料電池の開発・実証を継続的に行った結果，2009年に家庭用燃料電池が市場投入され，2015年に燃料電池自動車が市場投入された。ここに30年以上の産学官の努力が，世界に先駆

表1　水素社会への足跡

年	出来事
1981年	通産省のムーンライト計画で燃料電池の開発を開始
1990年	トヨタ，日産，ホンダが燃料電池自動車の開発を開始 松下電器産業，東芝が家庭用燃料電池の開発を開始
2002年	水素燃料電池実証プロジェクトで燃料電池自動車と水素ステーションの実証を開始
2005年	NEDOで定置用燃料電池大規模実証事業を開始
2008年	燃料電池実用化推進協議会が，燃料電池自動車の2015年から普及シナリオを作成
2009年	家庭用燃料電池（エネファーム）の一般市場への販売を世界初で開始
2013年	水素ステーションの先行整備を開始
2015年	トヨタが燃料電池自動車の販売を開始

けてようやく実りつつある。

本章では，水素社会の構築を目指す国家プロジェクト，補助金政策および特許関連の動向について述べる。

1　国家プロジェクト

わが国は世界に先駆けて，水素社会の実現を目指して，定置用燃料電池や燃料電池自動車の活用を大きく広げ，わが国が世界に先行する水素・燃料電池分野の世界市場を獲得するため，多くの国家プロジェクトが進行している。

水素社会の実現にはコスト面，法的制度面とインフラ面で未だ多くの課題が存在しており，社会に広く受容されるためにはこれらの課題の解決が急務である。なかでも，水素社会を構築するための要となる技術である燃料電池本体では耐久性や信頼性，コスト面，水素供給のインフラ面等の課題がある。時に大きな足かせとなっている法的制度では，水素を日常生活や産業活動でエネルギー源として使用することを前提とした法制度に変更する課題がある。

これらの課題を一体的に解決できるかが国家プロジェクト達成の鍵であり，一体的に解決するためには，社会構造の変化を伴うような大規模な体制整備と長期の継続的な取組が必要である。わが国で水素の需要側と供給側の双方の事業者の立場の違いを乗り越えつつ，水素の活用に向けて産学官で協力して積極的に取り組んでいる。

主として技術的課題の克服と経済性の確保に要する期間の長短に着目し，わが国は水素社会の実現を目指して，各フェーズごとに確実に国家プロジェクトを推進している。

フェーズ１：現在～

2009 年に図 1 の家庭用燃料電池（商品名：エネファーム）は販売を開始し，早期に市場の自立化を目指しており，2020 年に 140 万台，2030 年に 530 万台の普及を図る。

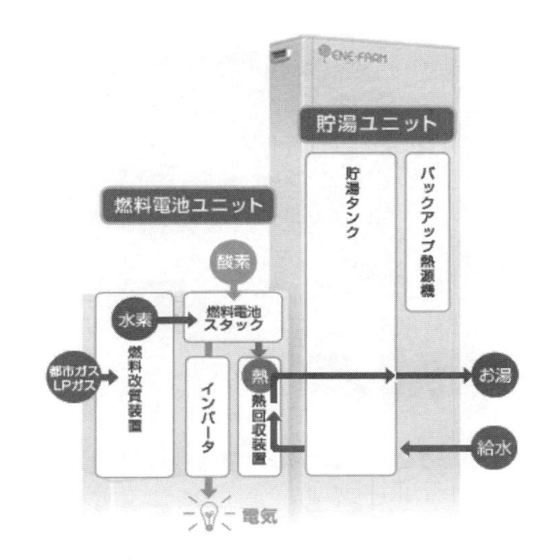

図1　市販の家庭用燃料電池
（引用：燃料電池普及促進協会のホームページ）

家庭用燃料電池のエンドユーザーの負担額については，2020年には8年程度で投資回収可能な金額，2030年には5年程度で投資回収可能としている。また，業務・産業用燃料電池については，2017年に発電効率が比較的高いSOFC（固体酸化物形燃料電池）型の市場投入を行なう。

燃料電池自動車について，2015年にトヨタ自動車が図2のMIRAIの販売を定価700万円で販売を開始し，2025年頃に同車格のハイブリッド車同等の価格競争力を有する車両価格を実現すると発表している。2016年には燃料電池バスを市場投入し，さらに，燃料電池の適用分野を，フォークリフトや船舶等への拡大を図るとしている。

水素の製造，輸送・貯蔵においては，2015年度内に四大都市圏を中心に100箇所程度の水素ステーションを確保するため，都内，埼玉県，愛知県等で建設が開始されている。2025年には全国で1,000箇所のステーションの確保を図る。

図２　市販の燃料電池自動車
（引用：トヨタのホームページ）

水素価格については，2015年の燃料電池自動車の市場投入当初からガソリン車の燃料代と同等以下となることを目途に岩谷産業㈱は2014年に水素ステーションにおける水素の販売価格を1kg当たり1,100円（税別）で販売を開始した。

フェーズ２：2020年代後半に実現

2030年頃に海外からの未利用エネルギー由来の水素の製造，輸送・貯蔵を伴う水素供給のサプライチェーンの本格導入を開始する。目標とすべき水素供給コストについては，2020年代後半にプラント引渡しコストで30円／Nm^3程度（発電コストで17円／kWh程度）を下回る。

水素製造については，海外の未利用エネルギーである副生水素，原油随伴ガス，褐炭等から，安価で，安定的に，環境負荷の少ない形で行い，水素の輸送・貯蔵については，有機ハイドライドおよび液化水素の形で行う。

世界に先駆けて，水素発電を導入するとともに，大規模な水素サプライチェーンを構築することで，水素源の権益や輸送・貯蔵関連技術の特許等の多くを掌握し，安価な調達が可能となればLNG等と比べて国富流出の少ない形でエネルギーの利活用が可能となる。

わが国が有機化合物から水素を脱離させる技術や水素輸送船等の核となる分野で先んじることができれば，水素の調達を有利に進めることができる水素需要をさらに拡大しつつ，水素源を未利用エネルギーに広げ，従来の「電気・熱」に「水素」を加えた新たな二次エネルギー構造を確立する。

フェーズ 3：2040 年頃

2040 年頃に水素製造に CCS を組み合わせ，さらに再生可能エネルギー由来水素を活用し，CO_2 フリー水素供給システムを確立することで，CCS や国内外の再エネの活用との組み合わせによる CO_2 フリー水素の製造，輸送・貯蔵の本格化させる。水素の製造，輸送・貯蔵では，安価で安定的に，かつ低環境負荷で水素を製造する技術を確立し，トータルで CO_2 フリーな水素供給システムを確立する。

水素は，燃料電池技術の活用により省エネルギーに資することに加え，未利用エネルギー由来の水素を活用することでエネルギーセキュリティとなる。

これらの，図 3 のロードマップの内容は，水素の製造，輸送・貯蔵，利用というフェーズ，そして短期，中期，長期という時間軸等，様々な要因が絡み合っている。

こうした取り組みを適切に行っていく上で，産学官の連携はもちろんのこと，各産業内，学界内，政府部内のそれぞれの中で，様々な関係者が本ロードマップに記載した内容の実現に向けて，個々のプロジェクトで積極的に協力して取り組んでいくことが求められる。

本ロードマップの進捗状況を定期的に確認するとともに，時々の社会情勢，規制見直しや技術開発等の進捗状況等を踏まえ，進捗が遅れているものについては取り組みの中止を含めて改善策を検討するものとする。本ロードマップは 2040 年頃までの超長期の取り組みを描いたものである。本ロードマップの内容に，方針転換が必要な場合には，そのような事態が生じた原因を追及し，十分な反省のもとで方針転換を含めて取り組んでいくことが重要である。

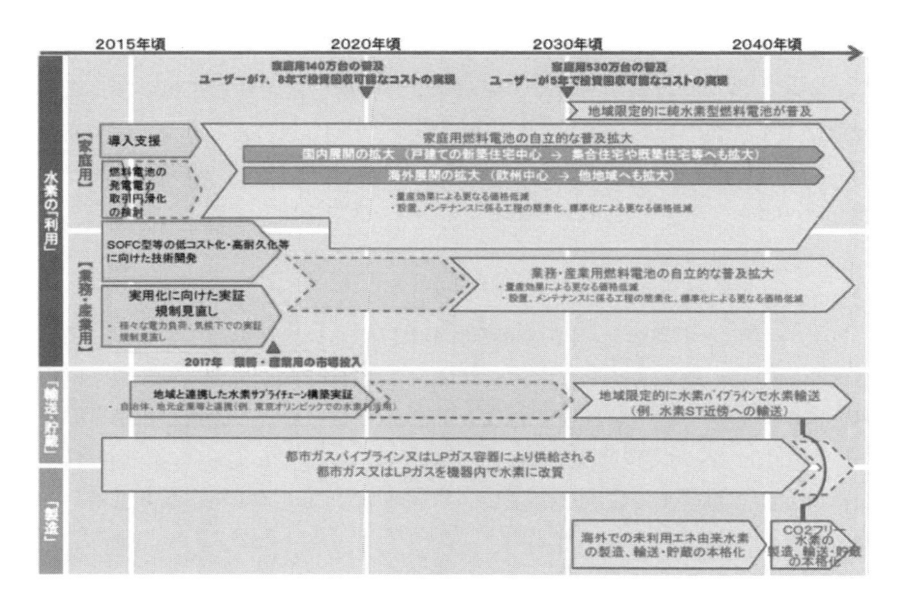

図３　水素社会への工程
（引用：経済産業省，水素・燃料電池戦略ロードマップ概要）

1．1　国の補助金政策

水素社会を構築するため，政府機関，財団法人，民間機関が国家プロジェクトを展開している。下記に主要国家プロジェクトを述べる。

(1)　政府機関

1)　経済産業省

燃料電池システム等実証試験研究補助事業に含まれる水素・燃料電池実証プロジェクトを実施している。本事業は「燃料電池自動車等実証研究」と「水素インフラ等実証研究」から構成されるプロジェクトである。

平成14～17年度においては，燃料電池自動車の本格的量産と普及の道筋を整えるため，各種原料からの水素製造方法，現実の使用条件下での燃料電池自動車の性能，環境特性，エネルギー総合効率や安全性などに関する基礎データを収集し，そのデータの共有化を進めるための研究・活動を行った。

その結果，自動車としてのエネルギー効率の高さを明らかにした。水素ステーションの実証データを用いてWell to Wheel総合効率から，燃料製造，輸送，車両への充填をへて，最終的に車両走行にいたる全てのエネルギー消費を含んだ総合的なエネルギー効率を明らかにした。

平成18～22年度においては，燃料電池自動車等実証試験エリアを中部，関西地区に拡大し，第3者フリート走行データ取得を開始し，実用化に向けた性能評価や更なる課題抽出を行なった。

その結果，燃料電池自動車等および水素製造設備・供給設備で実使用に近い条件化における規格，法規，基準作成のためのデータを取得し，普及促進のための広報・教育戦略を策定し，省エネルギー効果，環境負荷低減効果を確認して技術，政策動向を把握した。

平成23年以降も実証検討を実施し，水素圧力70MPaの水素ステーションの技術実証，大規模水素出荷・輸送に係る技術実証を行なっている。水素充填の実証，低コスト化ステーションの検討，水素ステーションの高頻度運転・高稼働運転・耐久性の検証を行なっている。また，1,500Nm^{3}規模の出荷設備の検証，45MPa水素トレーラーでの出荷・輸送の検証を行なっている。

(2)　財団法人機関

1)　一般財団法人石油エネルギー技術センター（JPEC）

昭和61年の設立以来，石油エネルギー資源分野における技術開発として，革新的な石油精製技術，高純度水素製造・水素供給インフラ確立のための技術開発，自動車および燃料分野における技術的課題の解決を目指した燃料利用技術研究，石油・エネルギーに関する有効な情報収集・提供事業等を推進している。

平成11年，わが国で最初に燃料電池の実用化を目指した水素事業を当センターの技術業務部が立上げ，今日の水素時代の幕開けを行なった。

事業内容は燃料電池自動車の開発は自動車会社が実施し，燃料供給の水素ステーションの基礎研究を実施した。

家庭用燃料電池の開発では水素製造方法の水蒸気改質法，部分酸化改質法，自己熱改質法の研究を実施し，３方式を同時に研究統括室のもとに新燃袖ヶ浦第１研究室，新燃横浜研究室および新燃幸手研究室で基礎研究を実施した。その結果，家庭用燃料電池の普及に向けて基礎研究は全て完了した。

現在は，大量の水素製造・供給能力を有する製油所を有し，災害に強い，頑健な給油所等インフラを全国展開している。石油産業の強みを最大限に生かし，将来の燃料電池自動車用水素製造・供給インフラ確立のための中心的役割を果たすことを目的として技術開発を実施している。

製油所内の既存装置から製造される水素の純度を燃料電池自動車に必要な高純度（99.99％）にまで高める製造プロセスの開発・実証を取り纏めている。

また，低コストかつ耐久性に優れた水素ステーションを実現するために，関連する規制の適正化や技術基準の検討とコスト低減に関わる研究開発を実施している。

2）NEDO

NEDOは昭和55年の発足以来，燃料電池・水素技術開発を基幹事業として推進している。リン酸形燃料電池（PAFC）から始まって溶融炭酸塩形燃料電池（MCFC），固体酸化物形燃料電池（SOFC）固体高分子形燃料電池（PEFC）へと開発は推移している。海外の動向などを見て，事業の進捗させており，現在の補助金額は300億円という規模に達している。

燃料電池の耐久性，信頼性，コスト面では，各企業での事業化が厳しいため，技術開発を支援している。安全性を社会的にアピールするとともに，安全に使うための基準や規制の策定を実施している。知的財産や国際基準などの分野で日本がリードしていけるような道標を策定している。これら事業を推進させるため，「技術開発」「実証試験」「国際基準」という３つの柱を同時に動かしている。

3）一般財団法人国際石油交流センター（JCCP）

産油国と日本との石油ダウンストリーム部門における技術協力や人的交流を通じて，友好関係を増進し，わが国の石油の安定供給の確保に貢献することを目的として，昭和56年に設立された。

産油国とは原油の輸入だけにとどまらず，産油国のダウンストリーム部門における協力要請に積極的に応えていくことが，これらの国との関係の強化・緊密化が最適対策である。その一環として，産油国と燃料電池を核とした新エネルギーシステム実証化を実施している。

アラブ首長国連邦では，石油・ガス産業を中心とする経済発展が著しく，人口一人当たりのCO_2排出量が世界第2位であり，地球温暖化，環境汚染問題，再生可能エネルギー導入，エネルギー使用効率化への関心が急速に高まっている。

国家目標として再生可能エネルギー比率を2020年までに7%にすることを掲げている。

平成23年度から，総合エネルギー効率の高い燃料電池を導入して，同国のエネルギー使用効率化を図るための事業を実施している。平成24年度には現地大学との共同事業として，図4の燃料電池を核とした新エネルギーシステム実証化研究を開始している。

中東で初めての燃料電池据付と運転，燃料電池の安全基準作成，現地での運転データ採取，砂漠地域に適応させるための燃料電池の改造，その性能評価，燃料電池と他電源との系統連携実施，商用実験サイトへの燃料電池の設置と運転等を実施している。

その結果，気温50℃を超える運転では，温度制御インターロックが働き，燃料電池が自動停止し，運転継続不能となった。燃料電池内に搭載されている鉛蓄電池が，気温50℃といった高温下では自然放電が激しく，電圧降下を起こして起動不能等の課題が発生した。これらの中東独自の課題を解決中である。

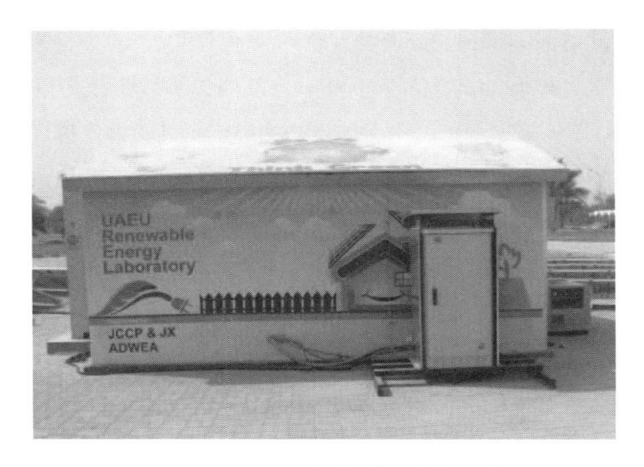

図４　UAE の燃料電池実証現場
（引用：JCCP のホームページ）

4）　一般社団法人燃料電池普及促進協会（FCA）

燃料電池の関連業界等が一体となって燃料電池の普及促進を図り，地球温暖化の抑制やエネルギーの有効活用に貢献するため，平成 20 年に設立された。

石油業界，ガス業界，電気業界等が多数加入しており，総力を結集して燃料種別を問わない燃料電池の普及促進に貢献する事業活動を展開している。平成 21 年から販売が開始された家庭用燃料電池の普及を加速させるため，年度ごとに購入費用の一部を負担する補助金制度を設けている。平成 21～22 年度それぞれで約 5,000 台，平成 23 年度は 18,000 台，平成 24 年度は約 15,000 台の補助を行なった。

（3）　民間組織

1）　燃料電池実用化推進協議会（FCCJ）

わが国における燃料電池の実用化と普及に向けた課題解決のための政策提言を目的とする協議会である。同協議会では，平成 27 年をマイルストーンとして燃料電池自動車の一般ユーザー普及開始時期と位置づけ，主要な国内外自

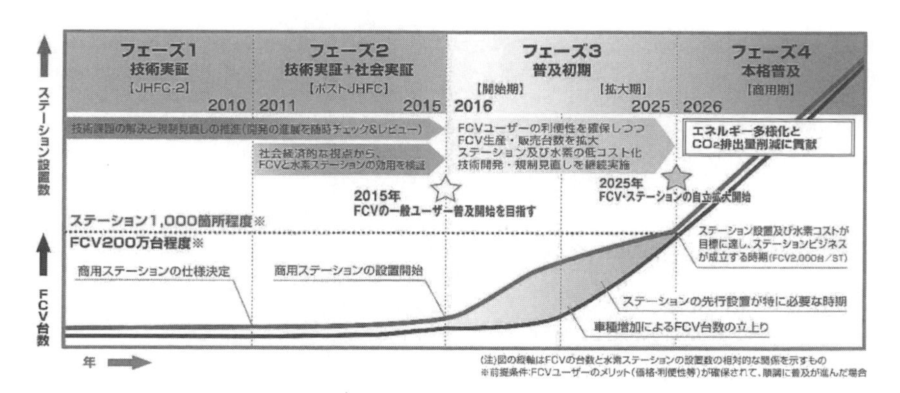

図５　水素ステーション普及のシナリオ
（引用：燃料電池実用化推進協議会）

動車メーカー，国内エネルギー企業の同意を発表している。

平成23年からは従来からの技術実証に加えて社会実証を開始し，平成27年から一般ユーザーへの燃料電池自動車の普及開始を目指すと共に，以後ユーザーの利便性確保のための水素供給インフラを燃料電池自動車普及に先立って構築するとの図5のシナリオを平成20年に発表している。

さらに燃料電池自動車の大規模な普及を目標に，平成37年を燃料電池自動車・水素ステーションの自立拡大開始の年と位置づけた2つめのマイルストーンを加えて平成22年にシナリオを更新し，双方のビジネスが成立するための普及規模と課題を明確にしている。

2　特許の公開

燃料電池に関する国内特許出願はトヨタ自動車，ホンダ自動車および岩谷産業等の多くの企業が出願している。特許出願分野では平成14年度時点では全体の10%が燃料関連，20%が発電システム，30%がセル構造，10%が電解質，10%が電極等である。水素関連の特許出願分野は75%が水素製造技術，

20% が水素貯蔵・輸送である。

中でもトヨタ自動車は平成 27 年 1 月 5 日，同社が持つ燃料電池車の関連特許約 5,680 件をすべて無償で提供すると発表した。究極のエコカーと呼ばれる燃料電池車を定着させるためには，トヨタ 1 社の努力では不十分と判断して，早期に普及させるためにライバル同士や業界の垣根を超えた開発競争を促すための特許が公開された。極めて異例の取り組みに打って出る自動車メーカーが次世代技術の特許を不特定の企業や団体に対して全公開するのは極めて珍しい。

トヨタ自動車のこの手法はオープン＆クローズ戦略と呼ばれて世界の先端企業の多くが活用している。

企業としては知財についてはクローズ戦略として基本的には独占的に使用するか，または相手を選びライセンスする方法がある。この方法では，自社だけで特徴ある製品を販売することができるが，競合メーカーが類似の製品の商品化は厳しくなり，市場の拡大が遅れる可能性が高い。

今回，トヨタが提供する燃料電池関連の特許は燃料電池スタック（約 1,970 件），高圧水素タンク（約 290 件），燃料電池システム制御（約 3,350 件）などである。水素の供給・製造といった水素ステーション関連の特許（約 70 件）の約 5,680 件に関しては，2020 年末までの特許実施権を無償ととしている。

水素ステーションの特許は水素ステーションの多岐の分野に渡るが，特徴は放熱性の異なる複数のガスタンクに対して充填技術，充填量不足を抑制するガス充填技術，水素ガスの残量が異なる複数のタンクに充填する技術，ホウ素系水素貯蔵材料の開発，水素化物複合体及び水素貯蔵材料の開発，良熱伝導性を有する熱交換の開発，吸発熱槽の運転技術，水素吸着合金タンクの熱の冷熱出力の制御システム開発，水素吸着合金の再生技術，水素吸着合金の発熱作用の応用技術等がある。

一方，ホンダと米ゼネラル・モーターズは燃料電池車で互いの特許を全公開する提携を結んだが，対象は両社に限定している。

第９章　水素関連企業

水素社会には水素の原料調達，水素関連機器，水素の製造・貯蔵・運搬，水素社会の運用等で多くの企業が関連しており，ここでは特徴的な水素社会に貢献する企業の概要を述べる（順不同）。

１　三菱化工機㈱

水蒸気改質型水素製造装置，水素ステーションのエンジニアリングなどを手がける。プラント・環境設備の建設・エンジニアリングと各種単体機器の製作を軸に事業を展開している。製造機能を持ったエンジニアリング企業として，都市ガス，石油，水素，電力，化学，医薬，食品，半導体，バイオ，大気汚染防止，水処理，新エネルギーなど様々な分野で求められる機械・設備を製作・建設している。都市ガス，石油，水素，硫黄回収等のエネルギー関連と医薬，食品関連および一般化学工業用装置・設備の建設を軸に国内および海外へ事業を展開している。

図１　水素製造装置
（引用：三菱化工機㈱のホームページ）

水素製造装置については1964年に大型水素製造装置，1996年に中型水素製造装置，1999年にTM型と言われる小型水素製造装置を開発し，2005年にはさらにコンパクト性，高効率化，安易な操作性を追求した「HyGeia」シリーズを開発し，その優れた技術から新日本石油（2001年当時）横浜・旭，東邦ガス技術研究所，東京ガス千住ステーション，出光興産秦野，市原，東京ガス羽田など，各地に水素ステーションの納入実績を持っている。

2　岩谷産業㈱

1958年大阪水素工業（現　岩谷瓦斯）を設立，産業ガスだけでなくクリーンエネルギーとしても注目し，日本の水素技術のパイオニアとして数々のプロジェクトや社会実験を通し水素社会のインフラ整備を進めている。

従来の圧縮水素に比べ，運搬効率が最大12倍という「液化水素」の可能性にいち早く着目するとともに，需要拡大を見越し，プラント建設も進めている。

2006年に大阪府堺市，2009年に千葉県市原市で液化水素製造プラントの稼働を開始し，エレクトロニクス，太陽電池分野などさまざまな顧客への液化水素供給を行っている。

2013年から，国内3ヵ所目にあたる液化水素製造プラントが山口県周南市で稼働を開始している。

水素ステーションについては2014年7月，国内第1号の商用ステーションを尼崎にオープン。現在稼働中のものはこの尼崎を含め6カ所整備している。

3　㈱加地テック

2014年に発売開始された燃料電池自動車に供給する水素ステーションの基幹設備であるオイルフリータイプ・82MPa仕様の水素圧縮機ユニットの販売納入を進めている。

2004年に世界で初めて全段ピストン式・110MPaオイルレス圧縮機の開発

に成功するなど，超高圧水素圧縮機の製造販売に取り組んでいる。

水素ステーション用水素圧縮機についてはその技術力が高く評価されている。

4　ＪＸ日鉱日石エネルギー㈱

石油精製・販売部門を手がけ，主な製品は，ガソリン・軽油・灯油・ジェット燃料・重油やアスファルト，液化石油ガス，潤滑油といった石油製品や，ベンゼン・トルエン・キシレン・ナフサなどの石油化学製品である。

エネルギー事業では，液化天然ガスや石炭の輸入販売や燃料電池・エネファームの開発を進めるほか，製油所・製造所併設の発電所や油槽所に設置した風力発電設備などを使用した電力卸供給事業（IPP）や電力小売事業（PPS）を展開している。

5　大陽日酸㈱

鉄鋼，化学，エレクトロニクス，自動車，建設，造船，食品など，幅広い産業分野に，酸素，窒素，アルゴンをはじめとする産業ガスを安定供給している。また，応用機器の開発・製造に加え，科学や環境保全の最前線でも活躍するとともに，水素プロジェクトにも積極的に取り組んでいる。

6　㈱東芝

東芝は，「電力・社会インフラ」「コミュニティ・ソリューション」「ヘルスケア」「電子デバイス」「ライフスタイル」の５つの分野で事業を進めている。

図２の出力 700W の純水素型燃料電池は業界トップシェアを誇る当社製エネファームの開発で培った技術を応用し，世界最高水準の発電効率を実現している。

また，水素をそのまま燃料とするため CO_2 を全く発生させずに発電できる

図２　純水素型燃料電池
（引用：㈱東芝のホームページ）

ほか，1～2分という短時間で発電を開始することが可能となる。

本実証実験により2017年までに稼働データを収集するとともに運転方法や適用メリットなどを検証し，さらなる効率化を図っている。

実証試験は東芝燃料電池システム，山口リキッドハイドロジェン，長府工業，岩谷産業と共同で山口県周南市の徳山動物園と地方卸売市場に純水型燃料電池を設置し，長府製作所製の貯湯ユニットを使用する。

また，東芝は2015年，府中事業所に研究開発拠点として「水素エネルギー研究開発センター」を設置した。

7　大阪ガス㈱

エネルギー事業においては，電力，ガスの小売全面自由化が，それぞれ2016年度，2017年度から実施される方向であり，エネルギー事業者の経営環境は大きく変わっている。エネルギー事業においては，ガス・電力等のエネルギー供給に，ガス機器・設備やサービスを組み合わせて提供している。

また，燃料電池等のガスコージェネレーションやガス冷暖房の普及等を通じた天然ガスの利用拡大に取り組み，省エネルギーや災害時の事業継続にも貢献している。

エネルギーを安定的，経済的に提供していくことを最重要課題とし，これを実現していくため，LNG調達源の分散と契約価格指標の多様化，生産への関与強化といった取り組みを進めている。また，製造・供給設備の改修や地震・津波対策により，供給安定性を高めている。

以上のように，国内外で幅広くガス事業，電力事業，エネルギーサービス事業に取り組んで水素社会を目指している。

8　東京ガス㈱

1969年に日本で初めて液化天然ガスを導入して以来，半世紀近くにわたりLNGのパイオニア，天然ガスのトップランナーとして，LNGバリューチェーンの確立・強化と天然ガスの普及・拡大に努めている。特に，LNGの調達・輸送からガスの気化・貯蔵・供給，顧客ニーズに対応するソリューションなど，それぞれの分野で培ってきた技術やノウハウは国内だけでなく国際的にも大きな評価を得ている。

「総合エネルギー事業の進化」「グローバル展開の加速」「新たなグループフォーメーションの構築」という三つのテーマを設定し，社会の水素社会の実現に努力している。

水素関連事業については家庭用燃料電池エネファームの販売と都市ガス顧

客の確保，さらには都市ガスからの水素ステーションとして，東京足立区の千住，練馬，計画中の浦和など実証も終了し，事業化へと進んでいる。

また，2016 年 4 月からの電力自由化，2017 年にも予定されるガスの小売全面自由化をビジネスチャンスと捉え，電力とガスを組み合わせた総合エネルギー事業の展開をはかっている。

9　パナソニック㈱

1918 年の創業以来，家庭用電子機器，電化製品，FA 機器，情報通信機器，燃料電池および住宅関連機器等に至るまでの生産，販売，サービスを行う総合エレクトロニクスメーカーである。事業を通じて世界中の人々の「くらし」の向上と社会の発展に貢献することを基本理念とし，あらゆる活動を行っている。

これまで家電で培ってきたパナソニックの強みと，それぞれの空間を知り尽くしたビジネスパートナーの強み，それらを掛け合わせる「Cross-Value Innovation」によって，新たな価値を生み出しながら，水素社会を目指している。

10　旭化成㈱

1922 年に創業した総合化学メーカーで，90 年を超える歴史の中で，日本経済の発展や社会・環境の変化に応じて積極的に事業を多角化し，事業ポートフォリオの転換を図ることで成長している。現在では，ケミカル・繊維事業，住宅・建材事業，エレクトロニクス事業およびヘルスケア事業という 4 つの事業領域を手掛け，グローバルにビジネスを展開している。

その事業領域の製品や技術・サービスは，社会に新たな価値を提供できる可能性を十分に秘めている。ケミカル・繊維事業における独自の製品力や触媒技術，住宅・建材事業における新しい住まい方の提案，エレクトロニクス事業における新たな産業用途への展開，ヘルスケア事業におけるアンメット・メディカルニーズへの対応がある。

2011年から中期経営計画「For Tomorrow 2015」を実行している。この計画では，「世界の人びとの“いのち”と“くらし”に貢献する」というグループ理念のもと「健康で快適な生活」と「環境との共生」を目指すというビジョンを掲げている。そして，当社グループが提供する製品や技術・サービスを通じて積極的に世の中にイノベーションを起こし，グループスローガンである“昨日まで世界になかったものを”生み出し続けることで，水素社会で世界の人びとに貢献することを目指している。

特に「アルカリ水電解水素製造システム」の研究開発では120kW級の中型電解装置を稼働させた。

11　日本精線㈱

1951年の創業以来，ステンレス鋼線をベースにナスロン（金属繊維）などの高付加価値製品，高合金ワイヤなどの独自製品の供給を通じ，国内外に商品を提供している。産業構造が環境・エネルギーのクリーン化，デジタル化へと進む中，ステンレス分野への期待はさらに高まり，「より細く，より強く，より精密な」方向が求められている。ステンレス鋼線のトップメーカーとして，これらのニーズに適応すべく，スローガンに掲げ，次世代素材，技術開発をリードし続けている。

また，同時に経済のグローバル化に対応するため，海外での供給体制も，より充実させて水素社会を目指している。

12　第一稀元素化学工業㈱

1955年の創業以来，金属ジルコニウムを手がけている。当時ジルコニウムといえば非常に高価なもので，金属ジルコニウムが原子炉に使用されているくらいで，用途が少なく，需要がないため手がける企業が無かった。

当初は，撥水効果があることからダンボールの表面処理剤に使われ，その後，塗料・製紙・窯業・光学材料・電子材料・酸素センサー・ファインセラミックスなど多くの産業分野で使用されるようになった。特に，耐熱性とイオン伝導性を応用した排ガス浄化用触媒は環境面から世界の自動車産業になくてはならない物質である。

原子力エネルギーで産声を上げたジルコニウムは，創業から50年が経った今，燃料電池として再びエネルギー革命の主役になろうとしている。

ジルコニウム化合物の世界トップメーカーとして，生産面では「全工程自社一貫生産システム」をさらにブラッシュアップし，質・量・コストの改善を行い，あらゆるニーズに応えられるよう技術力を高めている。

ジルコニウム化合物生産ラインは，自社一貫生産体制となっており，原鉱石の分解から溶解・析出・精製・焼成・製品化まで，全工程を一括管理している。自動化ラインで，多品種少量生産にも対応できる。また，世界で唯一となる，「湿式法」「乾式法」両方の生産システムを確立している。

13　中国工業㈱

LPガス，高圧ガスボンベ，LPガス貯槽，その他の高圧ガス貯槽，その他の高圧ガス製造・消費プラント及び関連設備の製造販売を行なっている。飼料用タンク及びコンテナ，廃水処理装置，畜産機材，薬品タンク，脱臭装置及びその他各種FRP（強化プラスチック）製品の製造販売を行なっている。

14　㈱オーバル

1949年に日本初の容積流量計であるオーバル流量計を発売して以来，数多くの種類の流体計測機器や関連システムを開発し製品化している。多岐に渡る産業の様々なプロセスに応用分野を拡げ，蓄積してきたノウハウを生かしてファイン・フロー・マネジメントを事業の核とした多様な製品・システム群を創出しており，新たな領域を切り拓いている。

流量とは，単位時間毎に配管などの任意の断面を流体が通過する量で，その流量をさまざまな使用条件下で計測できる流量計を取り揃えている。そのほとんどが自社開発製品であり，全国に広がる営業・サービス網と合わせて，迅速な対応が可能である。国内随一と言える流量計校正設備も備え，安心安全な流量計を提供している。

流量計から離れた場所で，瞬時流量や積算流量を確認することや，流量計とバルブと組み合わせて，一定量の流体を計量できるバッチシステムを構成することができる。また，流量計からの流量信号を受けて，スケーリング，分周，F/I 変換などの流量変換，流量に加え温度計，圧力計，密度計からの信号を受けて，基準温度・圧力における流量・密度などの演算ができる機種もラインナップしている。

ストレーナ（ろ過器）や整流器，空気分離器など，流量計の性能維持に有効な機器を始めとし，手動バルブを自動バルブに改造できる小型のアクチュエータなどの流体に関わる製品も提供している。

また，オーダーメイドを基本とし，流量計測を中心とした自動車部品の試験装置や JCSS を取得した高い技術力を活かした高精度気体計測システムなど，様々な顧客のニーズに応じたシステム製品を提供しながら，水素社会を目指している。

15　東レ㈱

1960 年代から進出した海外生産の拡充などにより，グローバルに発展する企業集団であることを目指している。東レは社会と広く対話を続け社会と共に発展し，21 世紀に至っても際立つ存在であり続けたいとの思いで各種事業に取り組んでいる。

燃料電池分野では MIRAI の車体と水素タンク向けに炭素繊維を供給している。東京大学，東レ，三菱レイヨン，東洋紡と共に，加熱すると成形しやすくなる熱可塑性樹脂を用いた，まったく新しい炭素繊維強化熱可塑性プラスチッ

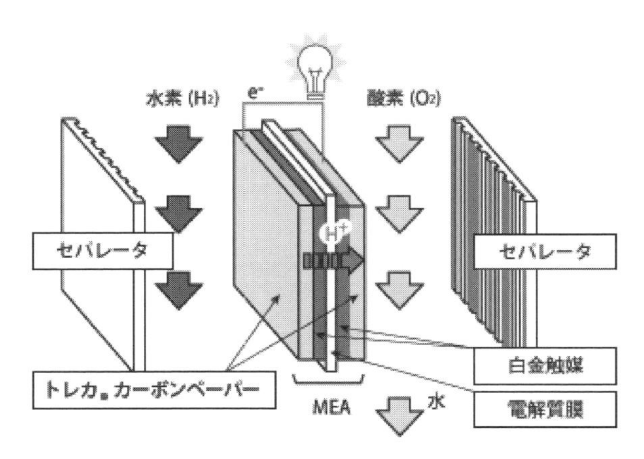

図３　東レの燃料電池部材
（引用：トレカ®公式ウェブサイト）

クである。また，トレカ®カーボンペーパーは高温で熱処理された多孔質の炭素繊維と炭素の複合材料で，優れた特長を生かして燃料電池の電極基材やその他の電極用途で使用されている。

16　神戸製鋼所㈱

100年を超える歴史の中で，鉄鋼，アルミ・銅などの素材事業や機械事業を中心に，幅広い分野へ事業を広げている。

さらに，独創的な「オンリーワン」の技術や製品を開発。世界シェアNo.1の製品も次々と生み出している。高圧水素圧縮機や熱交換器，水素ステーションエンジニアリングを開発している。

中でも水素ステーションに不可欠な水素ボンベについては高い技術力を持ち，１本約1,000万円のボンベが現在のところ5〜6本は必要とされている。

17　川崎重工㈱

同社はCO_2フリー水素サプライチェーンを計画し，水素社会を目指している。

オーストラリアのラトロブバレーにある褐炭をガス化し水素を製造，液化水素を専用の運搬船で日本に運ぶという壮大な計画である。2020年東京オリンピック，パラリンピック開催までに実証を完了する予定である。

また，水素ガスタービン発電も目指しており，天然ガスと水素濃度を自由に切り替えるガスタービンや水素ガスを60%程度混ぜてもNOxを抑えられる「追い焚き式ガスタービン」を開発，2015年4月から同社明石工場で水素発電所の運転を開始した。

18　千代田化工建設㈱

1948年設立，エネルギー，化学，医薬品，バイオ，FA等のプラント・施設およびこれらの環境保全に関する計画，設計，機器調達，試運転，運転・保全管理コンサルティング並びにトレーニング，研究開発・技術サービス，プロジェクトマネジメントを行っている。

同社の水素社会への取り組みは「SPERA」計画（前述）と銘打って進行中である。川崎市とも包括契約を結び，大規模な水素プロジェクトを組んでいる。

これは優れた触媒の開発により水素をトルエンと反応させ，メチルヘキサンにすることで運びやすい，貯蔵しやすい水素を実現した点にある。

将来は水素発電も視野に入れており，水素社会実現に向けて積極的に取り組んでいる。

19　その他

	企業名	研究開発と製品・技術
1	オリエンタルチエン工業㈱	炭素繊維強化プラスチックを開発。
2	八千代工業㈱	燃料電池車向け車載用タンクの開発。
3	㈱エイチアンドエフ	福井県工業技術センターと共同で，熱可塑性炭素繊維強化プラスチック（CFRP）のプレス成形機を開発。
4	㈱島精機製作所	ガラス繊維強化プラスチックを開発。
5	ニッポン高度紙工業㈱	燃料電池用の電解質膜を開発。
6	㈱宮入バルブ製作所	水素製造装置，水素ステーション向け製品の開発および，燃料電池車搭載の水素ボンベ用容器バルブを開発。
7	㈱ハマイ	水素燃料流量調整バルブを開発。
8	㈱ジェイテクト	高圧水素供給バルブと減圧弁を開発。
9	㈱キッツ	水素ステーション用バルブを開発。
10	日東工器㈱	水素供給装置のノズル部分を開発。

＊水素社会を目指すために研究開発を行っている企業は数知れない。したがって一部の紹介に留めさせていただいた。

第10章　水素エネルギーの次は何か

水素社会のエネルギーの要は水素であるが，水素社会の次世代のエネルギーを明言することは，残念ながら出来ないものの，本章では筆者の夢を述べたい。

筆者は，水素エネルギーの次世代のエネルギーを見出せるのは世界最速のコンピュータである「京」と確信する。

図1のように，「京」の運用はユーザーに対して使いやすい計算環境を提供する。そして，計算機科学分野と計算科学分野の連携・融合させた研究を行い国際的な研究拠点を形成し，先進的成果の創出や科学技術のブレークスルーを生み出すことである。

スーパーコンピュータ「京」を活用したHPCI戦略プログラムを推進する計算物質科学イニシアティブ（代表機関：東京大学物性研究所）では，次のエネルギーを見つけ出す課題に戦略的に取り組んでいる。「京」により，原子や分子の動きと電子の動きを連携させたいくつかの計算手法を開発し，物質を介した光エネルギーと電気エネルギーの変換の実態をコンピュータ上でシミュレーションすることが可能となってきている。

光エネルギーと電気エネルギーの変換は光合成と呼ばれているが，まだ解明されてないことが多くあり，霧に覆われている部分がたくさん残されている。しかも，その未解明の部分には，いま私たちが抱えている環境問題やエネルギー問題を解決するためのヒントが隠れている。

地球上の酸素は，すべて植物などの光合成生物によってつくられており，その量は年間約2,600億トンである。地球上の大気中の酸素量は，約1,200兆トンなので，約4600年で大気中の酸素がすべて循環される計算になる。地球上の生物は，光合成生物が産生する酸素量と，自分たちが消費する酸素量の微妙なバランスを保ちながら生存している。

光合成は，太陽のエネルギーを有機物に変換して生物界に取り込むことができる唯一の玄関口である。植物は光合成によって有機物をつくり，それを養

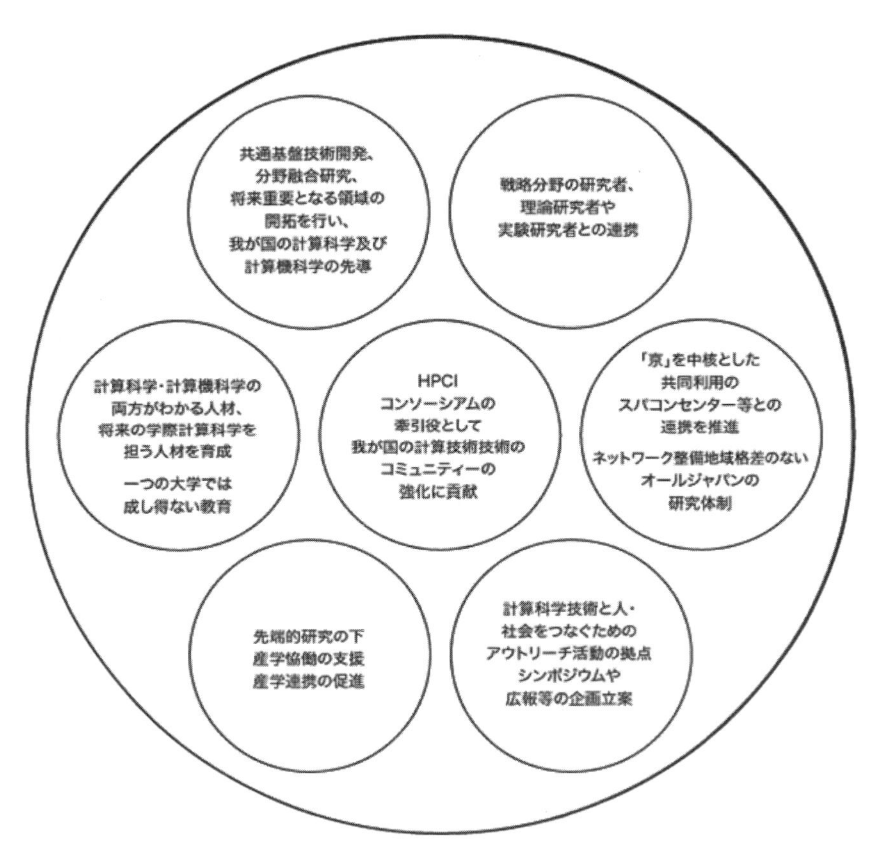

図１　「京」の基本コンセプト
（引用：東京大学 物性研究所のホームページ）

分にして生長する。その植物を草食動物が食べ，草食動物を肉食動物が食べる。

つまり，こうした食物連鎖の元をたどれば，私たち人間を含む動物は，生きていくために必要なエネルギーを，光合成生物から得ている。石油や石炭などの化石燃料も，元は動物や植物の死がいなので，大昔に光合成によってつくられた有機物が姿を変えたものある。私たちは，地球上の酸素も有機物も，光合成をおこなう生物にすべて依存している。

光合成は，太陽のエネルギーを使って，二酸化炭素と水から，有機物の一種である糖質と酸素を産生する反応である。光合成は１つの反応ではなく，多くの反応から構成されている。その反応は，図２のように，太陽の光エネルギーを吸収して化学変化がおこる明反応と，その産生物をもらって二酸化炭素から糖質を合成する暗反応の２つの経路に大別される。

図３の明反応の最初のステップでは，光エネルギーを使って，水を分解し，酸素と水素イオンと電子を生成する。このステップを人工的に再現して，水から電子を取り出すことができれば，これを電気エネルギーとして使うことができる。この仕組みを，「京」を運用して人工的に作り出す方法を見出せば，水素社会の次のエネルギーとして活用できる。

光合成生物は，地球に到達する太陽光の0.1％しか使用されていないので，あり余っている太陽エネルギーを人間が使えるエネルギーに変えることが人類のエネルギー確保に多いに貢献できると思っている。

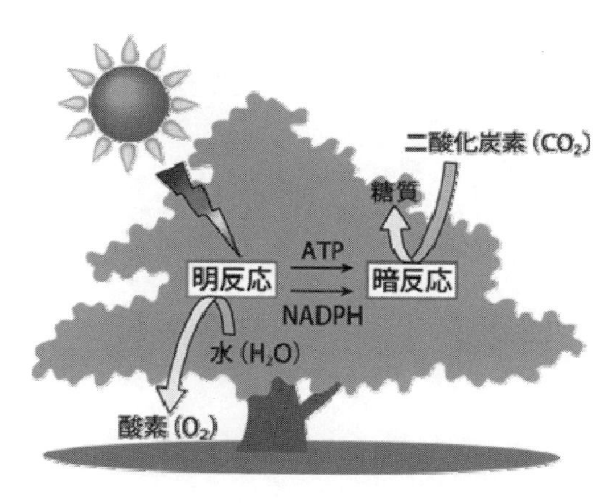

図２　光合成の概観図
（引用：大型放射光施設のホームページ）

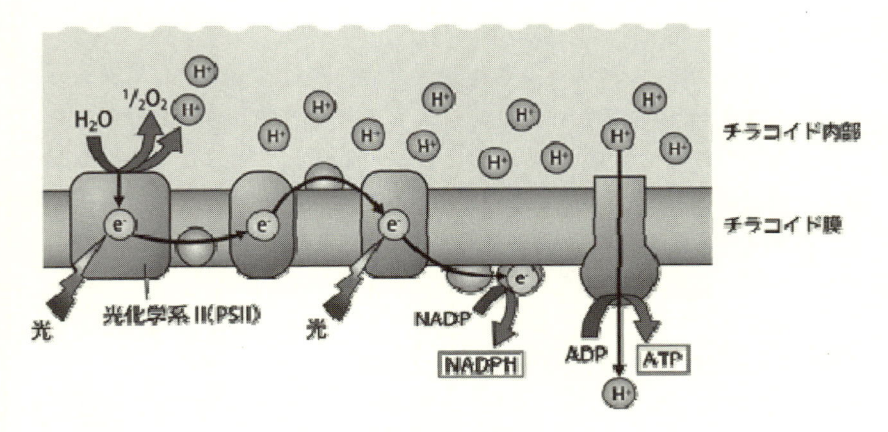

図３　明反応
（引用：大型放射光施設のホームページ）

あとがき

地球の危機を救う次世代のエネルギーとして注目されている水素エネルギーをこの小さき日本から世界に普及させることが日本に当てられた神命と感ずる日々である。その思いの源は四国寺のお遍路さんへのおもてなしの心のように，地球をおもてなしすることである。

宇宙からの地球の眺めは図1のように，まるで宇宙空間を漂う青い風船のようで，この青い風船に多くの生命が活動している地球は本当に素晴らしい創造物である。この美しい地球に住む多くの人類が日々の活動で多量の石油，石炭および天然ガス等の化石燃料のエネルギーを使い地球温暖化の要因である温室効果ガスの二酸化炭素などを排出している。

地球温暖化は長期的な課題となり，我々世代の活動が原因で子供や孫の世代に負の財産を残すことになる。目に見える変化はすぐには起こらないが，地球的な規模で数年，数十年，数百年後になってゆっくりと発現してくる可能性がある。今後，大きな異変が発現して，取り返しのつかないことになり，人類だけでなく，生態系にも深刻な影響をもたらすことが懸念される。

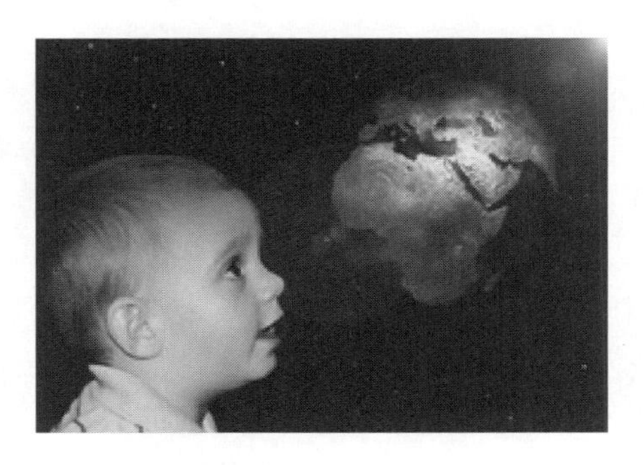

図1　宇宙空間を漂う青い風船
（引用：Geralt）

この地球の異変を解決する方向として，日本人の心の中にあるおもてなしの心で水素社会を構築して地球の危機を救う必要がある。

おもてなしの心が注目されたのは，2020年の東京オリンピック招致に成功した滝川クリステルさんによる招致プレゼンテーションの，「おもてなし」という言葉である。

このおもてなしの言葉こそ地球の危機を解決する言葉である。おもてなしとは他人も自分も楽しむことを意味し，地球と地球に住む生命体が一緒に豊かになることである。知恵を持つ人類は心に余裕を持ち，焦らず，地球と対話を行い，地球のいとなみを心から楽しむことで，地球により優しく接することができる。

日本でのおもてなしの心は四国遍路のお接待として残っている。道中，お遍路さんに対して地元の人々から食べ物や飲み物，手ぬぐいや善根宿，ときには現金を渡す無償の提供がされる伝統である。感謝の気持ちとして遍路は持っている納札をおもてなししてくれた人に渡す。こうした文化のおかげで，昔は比較的貧しい人であってもお参りが可能であった。おもてなしすることによって功徳を積む，巡礼者が弘法大師の化身であるという言い伝えも残っている。

おもてなしの言葉の由来は茶道に繋がり，茶道の教えではまずはじめにおもてなしを教わる。おもてなしはとりもなおさず茶道の真髄で，自分には控えめに，お客人には思いつく限りの丁寧さで対応することである。

おもてなしの言葉は茶道の道を開いた千利休の教えである。利休は大阪の堺の商家の生まれで若年より茶道に親しみ，17歳で武野紹鴎に師事し，師とともに茶道の改革に取り組んだ。本能寺の変の後は豊臣秀吉に仕え，1585年の秀吉の正親町天皇への禁中献茶に奉仕し，このとき宮中参内するため居士号「利休」を勅賜される。秀吉の厚い信任を受けて草庵茶室を創出し，楽茶碗の製作および竹の花入など，おもてなしの茶道を完成させて行った。

千利休の創造した茶室は地球へのおもてなしを感ずる空間である。本来，4畳半を最小としていた茶室に3畳，2畳の茶室を採りいれ，躙り口や下地窓，土壁などを工夫した。なかでも特筆されるべきは「窓」の仕組みである。茶室の採光は縁側に設けられた障子による日差しにより行われていたが，利休は茶室を土壁で囲いそこに必要に応じて窓を開けるという工夫をした。

このことにより茶室内の光を自在に操り必要な場所を必要なだけ照らし，逆に暗くしたい場所は暗いままにするということが可能になった。この，利休の茶室に見られる自然との自由な融合は，まさに地球へのおもてなしであるといえる。

筆者は，日本から発現したおもてなしの心が，地球の危機を救うことと確信している。日本人は無意識のうちに，風，光および地の恵みを愛するおもてなしの心を持っている。全ての無駄を削ぎ落とした完璧なまでの，シンプルでありのままの仕草が，おもてなしである。おもてなしの心は本来，日本人なら必ず持ち合わせている心であり，それは知るものではなく，感じ，覚えていくものである。

おもてなしの意味を漢字で表現すると「和敬静寂」で，この一句四文字の真意を体得し地球に接することで，地球の危機を解決する一歩が踏み出せる。

和は地球の平和，敬は地球への尊敬，清は地球の清廉，寂は地球の寂静であり，今こそ，日本の文化であるおもてなしの心で地球に接し，日本から世界へと，おもてなしの心を持つ水素エネルギーを広め，地球上の自然と生命体との融合を図ることで，地球の危機を救うことが出来ると信じている。

参考文献

第 1 章　世界の水素社会

・水素エネルギーの開発と応用，シーエムシー出版（2014）
・HySUT 水素供給・利用技術研究組合
・日本経済新聞 2012 年 6 月 6 日記事，http://www.nikkei.com/article/DGXNASFK0101L_R00C12A6000000/
・FCCJ 燃料電池実用化推進協議会

第 2 章　水素社会を構築する仕組み

・幾島賢治，『燃料電池の話』，化学工業日報（2003）
・（一社）日本ガス協会
・積水ハウスホームページ，
http://sumai-smile.net/lab_04_greenfirst/theme_05/
・経済産業省，JHFC 水素・燃料電池実証プロジェクト，
http://www.jari.or.jp/Portals/0/jhfc/beginner/about_fcv/
・JX 日鉱日石エネルギー㈱ホームページ
・四国電力ホームページ，
http://www.yonden.co.jp/energy/atom/more/page_01a.html

第 3 章　水素の製造方法

・橘川武郎，『石油産業の真実』，石油通信社新書（2015）
・百田尚樹，『海賊とよばれた男』，講談社（2012）
・（国研）新エネルギー・産業技術総合開発機構，「NEDO 水素エネルギー白書」，2014 年 7 月
・化学工業日報社，燃料電池の話
・季報 エネルギー総合工学，Vol28，No.2（2005）
・JX 日鉱日石エネルギー，石油便覧

・関西熱化学ホームページ　コークス史料館,
http://www.coke-muse um.jp/museum/htmltype/technical/gas1.html
・日本ソーダ工業会ホームページ,
http://www.jsia.gr.jp/explanation_03.html
・(国研) 理化学研究所　報道発表資料,
http://www.riken.jp/pr/press/ 2015/20150428_1/

第4章　水素の原料
・百田尚樹,『海賊とよばれた男』, 講談社 (2012)
・石油連盟のホームページ
・大阪ガスのホームページ
・東京ガスのホームページ
・幾島賢治, 幾島貞一,『ニューエネルギーの技術と市場展望』, シーエムシー出版 (2012)
・米国エネルギー情報局
・石井彰著,『天然ガスが日本を救う』, 日経 BP 社 (2008)
・松本良,『エネルギー革命メタンハイドレート』, 飛鳥新社 (2009)
・石油連盟, BP Statistical Review of World Energy 2011

第5章　水素の運搬技術
・川崎重工業のホームページ
・千代田化工建設のホームページ
・岩谷産業のホームページ
・岩谷産業ホームページ,
http://www.iwatani.co.jp/jpn/h2/tech/tech nique.html
・川崎重工業,
http://www.khi.co.jp/hydrogen/pdf/nikkei_business_07 13.pdf

・千代田化工建設ホームページ，https://www.chiyoda-corp.com/technology/spera-hydrogen/spera02.html

第6章　水素の貯蔵技術

・川崎重工業のホームページ
・千代田化工建設のホームページ
・岩谷産業のホームページ
・JHFC 水素・燃料電池実証プロジェクト，http://www.jari.or.jp/Portals/ 0/jhfc/column/story/07/
・川崎重工業ホームページ，http://www.khi.co.jp/kplant/business/infra/cold/tank.html

第7章　水素社会を目指す世界の国々

・北九州市のホームページ
・新居浜市のホームページ
・アラブ首長国連邦のホームページ
・デンマークのホームページ
・ドイツのホームページ
・HySUT　水素供給・利用技術研究組合ホームページ，http://hysut.or.jp/business/index.html
・（公財）東京オリンピック・パラリンピック競技大会組織委員会ホームページ，https://tokyo2020.jp/jp/olympics/
・川崎市総合企画局，http://www.city.setagaya.lg.jp/kurashi/102/126/829/d00137985_d/fil/kawasaki.pdf
・川崎市総合企画局，千代田化工建設，https://www.chiyoda-corp.com/recruit/graduate/business/technology_6.html
・新関西国際空港，http://www.nkiac.co.jp/env/kix/hiroba/activities/in dex.html

・豊田自動織機，http://www.pref.aichi.jp/san-kagi/shinene/suisozone/src/suisosyakai/150630_toyojidoshokki.pdf
・アブダビ未来エナジー公社（マスダール社）
・ニールセン北村朋子，『ロラン島のエコ・チャレンジ―デンマーク発，100% 自然エネルギーの島―』（2012）
・BWE-Bundesverband Windenergie，p.18，2006 年 5 月
・環境ビジネスオンライン，http://www.kankyo-business.jp/

第 8 章　水素社会の誕生を目指す支援
・経済産業省のホームページ
・特許庁のホームページ
・（一社）燃料電池普及促進協会
・トヨタ自動車，http://toyota.jp/mirai/
・経済産業省，水素・燃料電池戦略ロードマップ概要，http://www.meti.go.jp/press/2014/06/20140624004/20140624004-1.pdf
・（一財）国際石油交流センター
・FCCJ 燃料電池実用化推進協議会

第 9 章　水素関連企業
・三菱化工機のホームページ
・JX エネルギーのホームページ
・東芝のホームページ
・中国工業のホームページ
・大阪ガスのホームページ
・東京ガスのホームページ
・パナソニックのホームページ
・旭化成のホームページ

・三菱化工機ホームページ，
http://www.kakoki.co.jp/company/development/index.html
・東芝燃料電池システムホームページ
・東レホームページ，
http://www.torayca.com/lineup/composites/com_ 009.html

第10章　水素エネルギーの次は何か
・理化学研究所のホームページ
・(国研) 理化学研究所，計算科学研究機構ホームページ，
http://www.aics.riken.jp/jp/overview/aboutus/concept.html
・(公財) 高輝度光科学研究センター（JASRI）SPRING-8 ホームページ，
http://www.spring8.or.jp/ja/news_publications/research_highlights/no_59/

世界中で水素エネルギー社会が動き出した
―30年後に結願となる―

(B1195)

2016年2月24日　第1刷発行

著　者　幾島賢治，幾島嘉浩，幾島將貴
発行者　辻　賢司
発行所　株式会社シーエムシー出版
東京都千代田区神田錦町1-17-1
電話 03(3293)7066
大阪市中央区内平野町1-3-12
電話 06(4794)8234
http://www.cmcbooks.co.jp/
カバーデザイン　堀越智博
印刷・製本　倉敷印刷株式会社

ISBN978-4-7813-1147-0　C3050